自然生活家 25

食癒

樸門綠生活 動手做好食

Permaculture with Yamana

亞曼 Yamana —— 著

晨星出版

目次

前言

二〇一二年初，逸柔說在野蔓園換工的日子裡，帶給她不少的衝擊。

「選擇用雙手將一粒粒的稻穀剝入竹簍，雖然緩慢耗時，卻讓我們深刻體會到一粥一飯，當思來處不易的道理。」不管是在思考邏輯或生活態度上，逸柔說都和以往在繁華便利的都市，凡事講求效率的方式迴然不同。

二〇一三年盛夏，喜愛美食的小龜來到野蔓園，沒有瓦斯爐，只有簡單的廚具和鹽、醋等調味料，也只能吃蔬食，對他這個饕客而言，一切眞是綁手綁腳。

「後來我才知道，亞曼是故意讓野蔓園的生活保持這些不方便。」小龜說他體會到在面臨不方便時，才會去想辦法解決。「對於我這個在城市生活、長大的人，沒有醬油就是去買，用錢解決，理所當然。在這裡，如果想用醬油調味，要請你先釀醬油，再等個一、兩年。」

野蔓園是個高度自主生活的地方，生活上的不適應，要自己想辦法解決。但最基本的，只要降低口腹欲望，慣嚐輕食，原來我們都有能力去過，甚至是享受這樣簡單的生活。

面對這些不方便時，也才開始思考，都市生活中的這些方便是否必要。太多的方便讓我們視一切爲理所當然，追求所有的方便被視爲必須，尤其科技性便利弱化我們的感官和社交的能力，但可能您並不需要這麼多外在的科技便利，仍可以無虞過生活，甚至讓您更加擁有生活的深刻和感動。

我曾是一個標準的生意人，環保、減碳、節能，不但是遙遠之念，或許更貼切的感受是環保人士、媒體用以鼓吹追隨潮流的煽情口號。

近四十歲的年紀，對於一個事業小有成就的生意人，正是要鴻展叱吒的階段，沒想到先發制人的卻是長期飲食、作息不正常所引發的肥胖、過敏、高血壓、心臟病。一開始改變自己的原因絕對不偉大，就是很利己的想法，只是爲了健康。所以我遊走各國，學習自然療法、學中醫、學有機農法，但對於當時盛行的有機觀念與風潮，並未有特別的思考。一直到接觸了「樸門永續設計（Permaculture）」，我才開始眞正體悟「標榜天然是眞的友善自然嗎？有機對環境眞的友善嗎？」爾後，「樸門」完全改變了我的生活型態與生活態度。

我是從關心健康開始，而每個人都會有自己想要轉變的一個關鍵點。

來野蔓園換工體驗的人當中，有些是退休人士，回歸田園似乎是很正當的生活選擇。但也有不少二、三十歲的年輕人，離開原來的職場，到野蔓園來學習另一種生活。很多人可能覺得這些年輕人來務農不切實際，但其實他們是在這個資源已被過度濫用的年代中，努力思考出適合自己的生活方式。

逸柔、小龜……很多來到野蔓園的朋友，無論是新世代或退休人士，因爲樸門的串連，讓我們這些原本年紀、身分都有隔閡的都市人，在認知到必須要轉變、跨出現代利己的生存框架的那一刻起，就有了交集。這般隱性交會中的共鳴，透過樸門的實踐，無形中成爲一個有共同氛圍的社群。

二〇一三年的換工楷庭說：「我觀察到在野蔓園，沒有你必須完成的工作，只有大家一起做的大目標。在野蔓園中的生活是大同小異，但每個人都注意到不同的事情，因此讓我學到不一樣的東西。野蔓園的環境中更是沒有具體的指令，只有大大小小生活練習的『陷阱』，練習思考並實踐解決問題的方法。」

「大家都在想自己能做些什麼。」雖然楷庭說自己是個成事不足，敗事有餘的大麻煩，但可貴的是她體認到「垃圾」都是放錯位置的資源。「廢物可以再利用，來到野蔓園後，感覺也讓我這個廢物可以變得有用、有價值。」

「夥伴」正是樸門的一項重要元素，因爲有一致態度的同好，才有一起做下去的動力。因此，行農不是隱世、清高的堂皇之務，而是在實際生活中感受與履行的群匯力量。

在現代社會中，看似有多元的方式來建立社群關係，比如參加一個研習班、加入一個網路群組等等，但這類的社群關係，往往是缺乏凝聚社群的文化底蘊。來到野蔓園，回歸大地的農耕實踐，社群的凝聚變得很簡單，只要擁有分享或交換的「利他」本念。回溯以往的農業社會，互助合作、以物易物、資源分享就是社群的凝聚力。如此單純，卻是豐沛的心靈能量。在野蔓園，您也可以「以務易務」，用您的專長來爲社群貢獻一分力。但現代人往往以錢易務，只要能支付報酬，送貨到府，連居家清掃的代勞都是可行的文明性服務，但服務的代價卻是失去了處理與解決問題的能力。

樸門永續生活設計的三個倫理是照顧地球（Earth Care）、照顧人類（People Care）、資源公平分享（Fair Share）。我在野蔓園的生活與手作實踐中，就是希望重拾許多被遺忘的文化與生活智慧，而這文化乃是深深根植在對於土地的連結與感謝之中。二〇〇四年我成立綠屋工坊，希望能提供大家一個雙手萬能、連接土地的手作平台。我也常鼓勵來野蔓園的年輕人自己動手做，不用擔心沒有手藝或廚藝，因爲食物的美味關鍵在於誠意。

而食材的來源，不再是幾千里外漂洋過海來的耗能食材，而是從親手栽種的植物，從中細細觀察孕育植物的陽光、土壤、水與其他共存的萬物，了解到人是自然的一部分，而非自然的主宰，深切體會唯有照顧好土地，人類社會也才有辦法存續。我常說人離開「自然」，「自然」會生病，人也自然會生病。讓我們一起用「食」來療癒自然環境與人心。

樸門六個永續生活元素：社群與人、植物、土壤、水、動物、能源

樸門的精神在於實踐，因此這是一本生活化與知識化的實體工具書。

知識仍是回歸到人的活用才有價值，也須回歸到生活實踐，才能免流於高遠之談。這亦是樸門的核心價值，樸門是一種生活態度、一種生活實踐、一種生活應用，以及一種生活哲學。在這本書中，我將以傳統手作文化爲基底，透過每個人都會面臨到的生活所需，用柴米油鹽醬醋茶的生活知識設計，建構人人可從消費者成爲生產者的可能性，以及人可與自然共存的永續生活。

現今的食安問題層出不窮，我認爲消費者也難免其責。大部分的消費者只想購買物美價廉的商品，黑心商家或生產者爲迎合消費者的偏好，就會提供不合成本的商品，將本求利。務農很辛苦，現代人幾乎不願意用勞動來生產食物。但當您嘗試親手種植一次作物、參與食物生產的過程，您就會瞭解到許多食品的價格，其實低到不合理，也刻意忽視看不見的環境成本。

舉大家熟悉的菜脯爲例，依我的經驗，十斤蘿蔔只能醃製出約一斤的菜脯，而一斤蘿蔔的購買價約十元，一斤菜脯換算回十斤蘿蔔的成本，應該至少爲一百元。但市面上，六十～八十元間的菜脯就已經讓很多消費者咋舌。爲何可以低於一百元的售價來販賣？因爲現行的慣行農法和機械生產，可以大量製造和延長保存期限。以量制價的代價，正是我們的健康所開始面臨的食安危機。

從種下蘿蔔的種子到採收約需二～三個月，收成之後加工日晒又需時日。十二月、一月的台灣北部，往往冬雨連綿，一遇下雨，就得趕緊收起日晒中的蘿蔔乾。手工生產，其實還眞是老天爺賞飯吃，二、三十年的老菜脯更是時間積累的陳香風味，這就是爲何手作食物有它一定的成本價格門檻。因此，眞正的食安是要建立在注重「價値」而非「價格」的觀念上，食物並不能用一味追求低成本的目標來生產，在如此觀念下大量製造的食物，充其量也就只是一種食品——食物的商品。

因此，「吃自己種的東西」是我所堅持的食安精神，從種米開始。二〇〇四年，我參與賴青松的實驗穀東；二〇〇五年，我嘗試自己在陽明山種米；二〇〇七年，我發起「吃自己種的米」計畫；二〇一二年，「吃自己種的米，留一塊乾淨土」獲得第四屆學學獎——綠色公益行動組特別獎。我希望這樣的計畫更能獲得眞正生活在都市裡的人響應，如伊聖詩企業，從二〇一〇年起就以贊助的方式支持野蔓園的「半嶺水梯田保育計畫」與「希望森林減碳計畫」。六年以來，伊聖詩的夥伴親身參與插秧、收割、打穀等生產稻米的過程，領略到一碗熱騰騰的糙米飯是如何不易地從這塊陽明山的土地中孕育而成。後續更預計結合員工訓練，將永續生活的實踐扎實地融入企業文化之中。

二〇一六年我更進一步希望成立「呷自己樸門市集」社會企業，以一個永續的小型合作循環經濟方式來設立「社區樸門小鋪」。在這個社區小鋪中，讓每個消費者都成爲生產者，使得參與者提升自主生活的能力，實踐在地消費、在地共享的理念。「呷自己」的目標是分享與交換手作產品，並讓消費者也可以回饋給生產者、管理者和參與的人，更藉由友善環境商品的宣導，以及教室學習和座談分享的交流方式，傳遞與落實人對應自然的平衡態度。

近幾年來，我跟許多同好在各領域分享、推廣都市樸門的友善生產概念，落實都市農耕（urban farming）、城市新農夫（urban farmer）、可食地景（edible landscape）的實踐，例如受邀擔任花博台北好好看系列的「都市綠點」顧問、與松山社大合作的復建里幸福農場、與信義社大合作的泰和里「樸門菜園」、與大安社大和華山綠工廠合作的都市田園工作坊、與文山社大和順興里合作的社區閒置空間活化計畫等。樸門在台灣，漸漸成爲顯學，並帶動市長將「田園城市」列爲市政項目，以及校園、公有建物的綠地小菜園推廣。但我也看到了計畫預算的濫用、資源分配問題、產銷供需的盲點，正是因爲人還沒有把自己放回大自然中思考。

都市裡的閒置空間也可以生產食物，成為兼具觀賞與食用功能的可食地景。

因此，本書是一個開端，我希望能將這些眞實生活的實踐知識，以及在地資源循環的觀念，整合爲系統性的文字紀錄，讓大家理解其實樸門精神的應用並不困難，現在很風行的都市可食地景營造就是一個很好的練習。本書的內容想帶大家認識在菜園農地中所採收的成果如何能發揮更大的「產值」，不僅能滿足飲食需求，更啓動多元的利用方式與社區資源連結，讓我們能漸漸脫離過度分工與商品化的資本體系，尋回自主生活的能力，幫後代年輕人留一點永續環境的可能。

都市中可食地景的營造（泰和里小菜園）。

導讀

大家一定有到過自助餐廳的經驗……

在自助餐廳裡，好像有很多的選擇，比方光是沙拉吧，看似有很多的蔬菜、水果可以挑選，但其實您只是有選擇權，卻沒有食物自主權。多數的現代人都已被訓練成爲一個受商業系統支配的非自然人，多數人也都安於此種模式，相信商家所提供的選項是方便的、有效率的、甚至是安全的，卻也漸漸喪失對食材原味和食物生產過程的瞭解。

如同我們的生活是一個由石化能源建立的電氣供應鏈，覺得熱時可以開冷氣，冷了有暖氣，隨時可以滿足身體的即刻需求。因此，我們成爲電氣鏈中的最底層，電器調節我們身體本來就應該有的自然調節機能，並逐漸被電器所制約。

而現今沸騰的反核議題，不應該只是形式上的立場衝撞，更必須是在生活中落實以達到生活的自主。我很認同中央研究院汪中和老師所提倡，台灣的每一個家庭若比照累進稅率方式來鼓勵節電，即可節省二～三％用電量；企業則可依法令來推行季節性節電或更新老舊設備，亦可節省三～四％用電量。依此方式，台灣每年可省五～七％用電量，只要有決心，我們自然不再需要核能電廠。

試想，沒有方便電器的農業時代，人們怎麼生活？

再想想，當人們都要方便生活的時候，誰會不方便呢？

前人就是順應植物、土壤、水的土地特性來種植，從自然的節奏中，體會出時節的生活智慧，也就是所謂的節氣。而這也是爲什麼人脫離自然後，自然而然變得容易生病的原因之一。

當我們追求一切便利的時候，「自然環境」便默默地承受不方便、不健康，大量難以分解的垃圾與廢氣充斥在空氣、土地與海洋裡，進而相依存的人類也開始生病了。

因此，本書所記錄的即是我回歸到節氣與時令的生活經驗，擷選主要的糧食作物（米、麥）與其他容易種植且能多元應用的植物，結合飲食文化與傳統智慧所做的手作食物。我將簡單分享我對這些食材的認識與種植要點，讓您能夠評估是否可在自家陽台頂樓、社區空地或農地栽種，並以三個單元來介紹每種手作食物：

第一單元手作的文化：介紹食物的歷史起源與故事。您將發現，大部分至今我們還在食用的傳統食品或保存方法，其實是人們在自然中「發現」微生菌將食物「加工」之後的結果，而不是人們「發明」了新的保存食物方式。

第二單元節氣飲食：我將和您分享合適食用或製作這種食物的節氣，與認識它的功效，讓您了解什麼時機可以運用這些食物來維持或提升身體的健康。我會從一個經商者，轉變爲農夫，一開始是因爲健康出現嚴重問題，所以先到印度學習自然療法，爾後又到武漢學中醫。在中醫的學習過程中，才算是眞正接觸了「食療」的概念。所謂「藥食同源」，原來食物就是身體的保健良方。西方醫學的始祖希波克拉提也說：「廚房就是你的藥房。」可見飲食的重要性。因此，當我們的身體出現警訊時，首要便是檢視自己的飲食習慣，從吃健康的食物開始著手改善。如果能夠知道各種植物對身體的保健或療效，就可不依賴藥物，對於想過自主生活的人來說是一個很重要的環節。

第三單元手作的祕訣：樸門是建立在科學基礎上的生活實踐知識，我將在此單元分享這十幾年來向阿公、阿嬤與許多生活實踐者請益的經驗與精華，將手作食物的流程與祕訣逐一介紹，讓您自己就可以在家動手做，從消費者轉型爲有自主性的生產者。除了傳承飲食文化之外，我相信這也能夠幫助您檢視日常所購買的食品是否合乎其生產成本，依此來判斷食品的安全程度。

樸門是一門活的知識，人人都可以創造樸門精神。因此，我希望透過分享與朋友、學生在一起手作食物的過程中，所激發出來的、更貼近在地文化與條件的樸門手作新法，也邀請您一起來動動腦。若您有更樸門的妙方、更具巧思的應用食材方式，歡迎與我們分享。希望能與您一起嘗試找回電氣鏈與便利生活中漸失的手作文化，了解天地的自然法則，體會順天應人的思維，重新與自然連結。

	國曆	節氣	植物	手作物
春	二月	立春	小麥	麥芽糖
		雨水		
	三月	驚蟄		
		春分	茶樹	冷泡茶
	四月	清明	桑葚	桑葚果醬
		穀雨	香椿	香椿醬
夏	五月	立夏	黑豆	醬油
		小滿		
	六月	芒種	小麥	窯烤麵包
		夏至		
	七月	小暑	稻米	米啤酒
		大暑	黃豆	豆腐

	國曆	節氣	植物	手作物
秋	八月	立秋	稻米	米醋
		處暑		
	九月	白露		
		秋分	柚子	柚子醬
	十月	寒露		
		霜降	咖啡	咖啡豆
冬	十一月	立冬	羊乳	起司
		小雪	冬季蔬菜	泡菜
	十二月	大雪	稻米	米酒
		冬至	稻米	甜酒釀
	一月	小寒	黃豆	味噌
		大寒	薑黃	咖哩

樸門的分區與種植設計

現行的農業耕作行為，大致可區分為三種模式：

第一種為商業農耕（business agriculture），泛指一切以種植生產後，透過商業交易的農業，包含慣行農業、有機農業、自然農法等。每一種農業方式都無絕對的對或錯，視生產者的選擇而定。可能的問題，只是在多數人傾向商業獲利目的下，容易造成黑心商品的發生。第二種為景觀園藝（horticulture），舉凡庭園造景、公園綠地等相關農業行為，皆以視覺美感和欣賞的角度來思考。第三種是可食地景（edible landscape），是一種源於歐美的種植觀念，將可食用的蔬果香草種植在各種空間，結合了食用需求和美化景觀的目標。樸門的種植設計則會依使用者的需求與目的，將此三種不同的種植概念相互運用。

樸門有分區設計的概念，依據使用的頻率來規劃空間與種植計畫，藉此達到節省能源的目的。以人的活動爲中心，使用度最密集的區域是O區，通常是家屋。第一區是教學、洗衣、廚餘堆肥區、香草花園等日常生活所需的空間。第二區是支持第一區的生活需求，如設計中水回收淨化、養殖家畜、種植比較不需要每天照顧的植物成爲食物森林等。第三區是經濟作物區，種植可依據產季加工、出售的作物。第四區是採集放牧區或永續林業區，是不需要人爲照顧的半自然區域。使用度最低的、離生活區最遠的爲第五區，是完全不做人爲介入的野生區域，保留給野生動植物棲息。

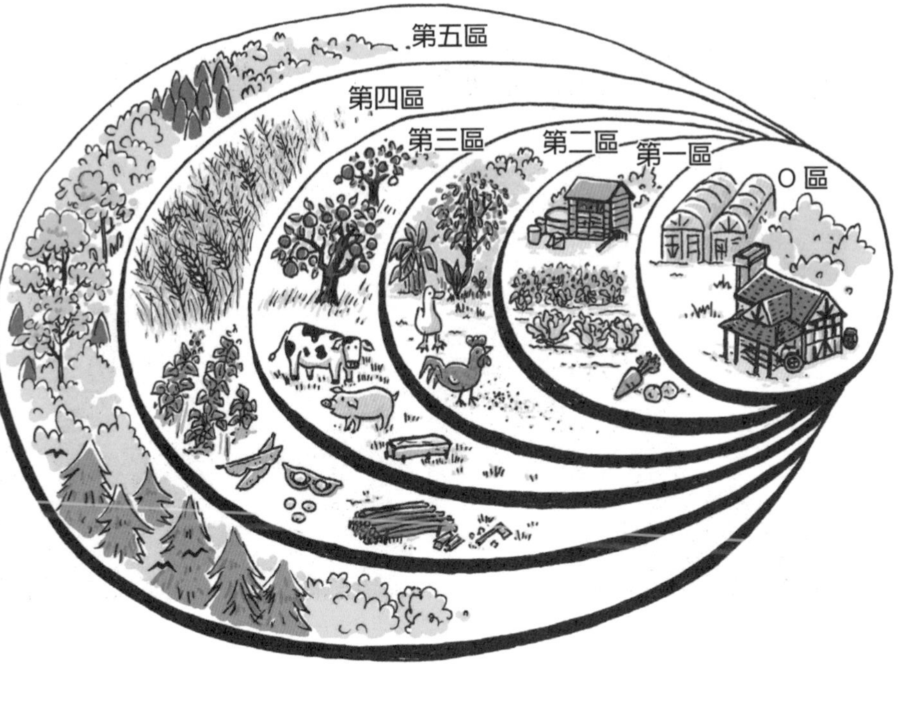

野蔓園位在陽明山半嶺約一甲多的農地上，只有相當少數的人力可投入，又沒有太多的資金與物質。因此我以節省人力、物力爲目標，運用多年生、多層次、多樣性、能夠自我循環維護的可食/藥用植物，在第二區或第三區種植具有高產值的「食物森林（food forest）」。

本書中所介紹的食材作物，都可以設計種植在第三區經濟作物區。這些不同時令節氣下所種植出的作物，結合古老的生活智慧來手作加工，不僅延長食物保存時間，更可以提升附加價值，實踐「賺對地球友善的錢」，讓經濟收入更自主、更多元化，避免「雞蛋放在同一個籃子裡」的風險。

可食植物 — 紅藜。

藥用植物 — 狗尾草。

爲了達到低投入、高產出的目標，我依照以下樸門的五大種植原則來設計。第一項就是「多樣性種植」，有兩個意涵，一是指單一植物須具備多樣品種，二是指在一種植區域裡種植不同種類的植物。前者例如香蕉樹，我就在野蔓園種了芭蕉、北蕉、手指蕉、蛋蕉等品種，不僅滿足多種食用的需求，另外還具備了教育的功能。

第二項樸門種植觀念爲「多層次種植」，指在同一種植區域中，有著高、中、低、地面匍匐、地底層等不同空間需求的植物。

以食物森林的分層概念爲例，可分爲高層（五～八公尺）、中層（二～五公尺）、底層（一～二公尺）、地表層（〇～一公

多層次種植是將不同空間需求的植物相互搭配，提高空間的利用。

多樣性種植可以維持土壤生態平衡，提高土地的生產力。

尺）、地下層（根莖類）、垂直層（藤蔓類）。彼此不互相影響陽光的吸收，可以將有限的空間達到最高程度的利用。

「伴護和避忌」爲第三項樸門種植觀念。如印第安人的古老種植模式——生命三姊妹，將豆科、玉米、瓜類種在一起，是最佳的伴護植物組合。具備固氮功能的豆科植物可以提供養分，玉米的高莖稈可以讓豆類植物攀爬，匍匐在地面的瓜類則可抑制雜草生長、減少水分蒸散。避忌種植則是利用植物本身的特性，來達到減少蟲害、病害的目標。

植物名稱	建議避忌植物
十字花科（蘿蔔、芥菜）	迷迭香、金蓮花、艾草、薄荷類
豆科植物（四季豆、豇豆）	辣椒、茴香、蔥
菊科植物（萵苣、A 菜、茼蒿）	大蒜、金盞花

※ 避忌植物的組合與成效會依據每個基地的條件與照顧方式有所差異，本表僅供參考。

避忌種植是利用植物本身的特性以達到減少蟲害、病害的目標。

木瓜樹的莖稈可讓皇宮菜攀爬，即屬多層次種植。

第四項樸門種植觀念是種植「多年生」植物。如果是種必須每季重新種植的植物，照護的時間和人力將大幅提升，不適合人力有限的農場。像是多年生的果樹，只要花一點時間栽種，每年的產季都可獲得自然豐盛的給予，也是一件令人開心的事情。

多年生植物——芭樂。

多年生植物——角菜。

竹子不僅符合多年生的種植原則，其還能作為建材、木炭、食器等用途。

最後一項樸門種植觀念是「適地適種」。所有的種植，都一定是要適地、適時，依據當地的氣候、土壤、水文等，來規劃栽種的植物。如果在不適合的季節種植，就不能利用自然提供的條件，相對地也就要投入更多的人力與時間照顧。這也是本書所強調的節氣——順時而為的精神。

除了這五項種植原則之外，很多來野蔓園的訪客都很好奇為什麼這些植物的人力照顧可以這麼低？這是我運用另一個樸門種植的重要技巧——覆蓋（Mulch）。

藉由將有機質覆蓋在土表，不讓土壤裸露曝晒，就可以保溼、抑制雜草，同時營造適宜微生菌生長的微氣候，幫助土壤恢復健康。有機質的取得方式有很多種，因為我自己種稻米，所以有很多的稻殼、稻稈可以利用。都市公園、學校可以就近取得的枯枝落葉也很好，但要慢慢堆積，避免被風吹走；或是在辦公室裡可以用碎紙機將廢紙攪碎來覆蓋，但不要使用有彩色油墨的紙，因會有重金屬殘留的疑慮。這些資源都不一定要靠金錢取得，而是靠日常的觀察，若凡事都必須依賴金錢可就不是永續的實踐。

以食物森林為設計概念的野蔓園，並不是一座美麗舒適的農園，甚至很多訪客的第一印象是「怎會那麼亂？」樸門的理念是順應自然、觀察自然、模仿自然，更不會對抗自然。一座處於自然狀態的森林，有許多高大的樹木、草本植物、動物群集而居，看似凌亂，卻又是萬象俱榮、亂中有序，這就是大自然的生命力和魅力。即使遭受了破壞，或是遭遇病蟲害的侵擾，也會因爲有平衡的生態而達到自我修復，這也是許多人訝異野蔓園少有病蟲害的原因。

所以，以模仿自然爲設計理念的樸門，應用在農務上的方法又被稱爲「懶人農法」，因爲並不需要日日辛勤照護，卻可以有自給自足的收成，並和社群分享，感受人與人之間、人與自然的互動。這也是此書想要分享我經營野蔓園的經驗，從自種食材、動手做健康食物，到社群互動的眞實體會。

樸門種植的重要技巧——覆蓋（Mulch）。

稻米採收後的稻稈即是拿來做覆蓋的絕佳素材。

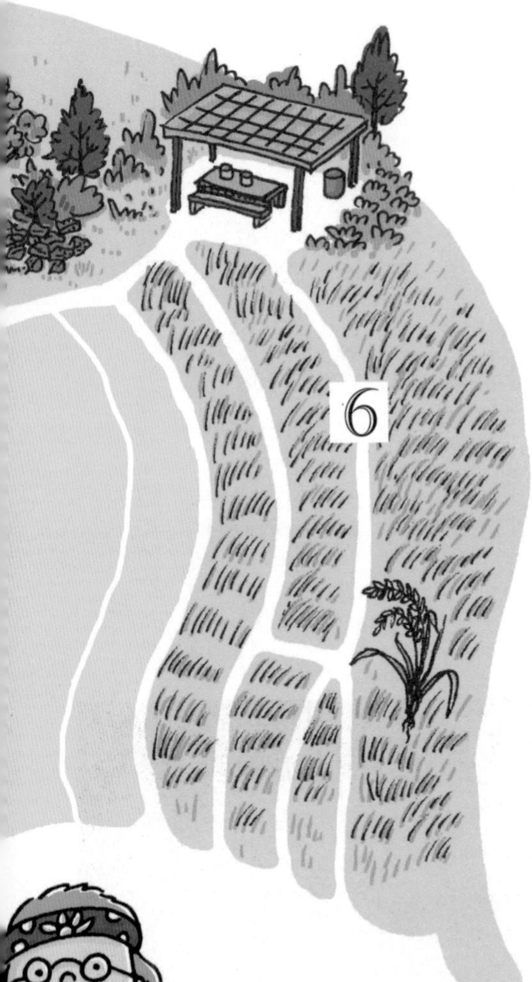

1. 主屋是農場生活起居的場所，鄰近堆肥式廁所與香蕉圈浴室，並運用生態池淨化中水。

2. 使用頻率高、需要密切照護的蔬菜香草，種在離主屋較近的菜畦；而比較不需要經常性照顧的果樹，則會設計在離主屋較遠的地方。

3. 野蔓園沿著山坡而建，因此可以利用地勢設計「之」字形的集水渠，讓雨水自然由高往低處蜿蜒流動。

4. 麵包窯的位置靠近農場出入口，適宜朋友和訪客一起參與；在溫室上麵包課或窯烤體驗時，也可以就近操作。

5. 森林區是留給生物安心休憩的地方，自然野放，不做任何的人為管理。

6. 半嶺水梯田不僅可以生產稻米、雜糧，更可調節農場的微氣候，在乾溼交界處形成豐富的生態樣貌。

野蔓園

樸門永續發展設計（Permaculture）實踐農場

5
3
2
1
4

樸門十五項設計操作原則

觀察與互動 observe and interact	一切知識，都從觀察開始。試著運用不同的角度去觀察、認識系統裡的每個元素，可以幫助我們找到適合己身狀況的解決方案。
獲得產出 obtain a yield	運用符合自然模式的設計，可以讓系統持續產出，甚至讓產出多於投入。
大自然沒有浪費 produce no waste	在大自然裡，任何形式的能量和資源都有其在系統裡的用途，不會成為廢棄物被浪費掉。
捕捉及儲存能源 catch and store energy	盡可能收集、儲存、回收再利用在地的能源。當擁有很多資源時，要設法延長資源的使用壽命，以因應資源缺乏的時期。
使用並珍惜再生資源與生物性服務 use and value renewable resources and services	了解生物的特性，並用以滿足生活需求與解決問題，減少對石化能源的依賴與人力的投入。
從模式到細節 design from patterns to details	先觀察自然界中的運行模式，從觀察結果中確認符合需求與條件的模式，然後再設計細節，避免見樹不見林。
小而慢的解決方式 use small and slow solutions	運用小規模、較緩慢的解決方式，較不易形成衝突，並能更切合條件與需求，同時保有更多彈性。由小單位集結成的系統也較為穩定。

運用及重視多樣性 use and value diversity	運用物種、生態、文化等差異性，可以提升系統面對變異時的反應能力，讓適應環境變遷的特質或基因可以傳承下去。
運用邊際效益 use edges and value the marginal	不同物品、生態、微氣候等的交界處，具有豐富的創造力與生命力，觀察其運作模式並運用在系統裡。
整合相對位置 integrate rather than segregate	合作力量大，把每個元素放在正確的位置上，元素間的相對應關係能產生連結、輔助彼此。
多功能 every element has multiple functions	提升對元素的了解，讓每一個元素都至少有三種以上的功能，才能納入系統的設計之中。
一種目的由多種元素完成 every important function is supported by many elements	讓一個功能由多個元素支持，避免單一元素消失或變動而影響功能，讓系統運作更加穩定。
加速演替 accelerating succession and evolution	自然演替所需的時間相當久，可藉由人力的適當參與，讓生產更有效率。
把問題看成正面資源 see problems as solutions	問題的本身往往就是發現答案之處，面對與善用問題可以協助我們修正系統的缺失。
美一點會更好 make it more beautiful	美能夠帶來正面能量，在系統裡增加美感，可以提升人們的參與程度與激發創造力。

在「食材、節氣、製作」中，
說明食材來源，食物順應節氣的特性，
以及自己就可動手做健康食物的方法。

動手做好食

稻米

手作的文化

台灣米最早從哪來？

台灣在地的原住民飲食是以小米、旱稻為主。在漢人大舉移民進入台灣之前，只有少數單身渡台的羅漢腳，各自帶著家鄉的少量品種入台，由於這些外來品種不適應台灣的氣候，因此難以栽種或產量不佳，直到鄭領時期因為開墾建設的需求而引入大量的漢人，為解決其糧食需求便引進水稻的耕種方式，大幅提升了稻米的產量。

自福建一帶所傳進的秈稻，在台灣被日本人稱爲在來米，在來是日文的「在地、當地」意思。在來米是源於印度、東南亞一帶的熱帶水稻品系，米粒細長、黏性低、口感清爽。日治之初，因在來米不符合日本人的飲食習慣，遂引進稉型品系，在氣候接近九州的竹子湖栽培與改良。爾後，日人磯永吉改良成功的米種爲生長期長、所需日照少、耐寒的短圓形米，黏性較在來米強，並將此新品種命名爲「蓬萊米」，竹子湖亦成爲蓬萊米之鄉，後來由帝國大學（現今台灣大學）研發後，再推廣於全台。

隨著消費習慣與生產行銷方式的改變，稻米的種類繁多，可粗分以下三種類型：

品種米　如台秈10號、台梗9號、高雄139號、桃園3號

品牌米　如山水米、三好米、青松米、崑濱米

產地米　如池上米、玉里米、花東縱谷米

蓬萊米之所以好吃，關鍵在於品種與產地。因爲米種的進化與其他物種一樣，受到氣候的影響，愈往北邊，外形愈進化成短圓形，這與北極狐和北極兔的耳朵變成短圓狀，是相同的原理。因爲北邊天氣較冷，水稻只能利用夏天來進行一期耕種，因此養分夠，蛋白質含量高，口感較Q彈可口。

蓬萊米屬於粳米，與糯米性質相近，支鏈澱粉較多，所以不太好消化，常吃容易引起消化系統問題。這也是爲什麼日系商品廣告中，胃腸藥的銷售一直占有高比例的原因。而屬於秈稻的在來米，在早期的農業社會，老一輩長者都有在來米口感不好的印象，感覺吃起來會帊帊袂動夭（台語，帊帊表示米質鬆軟，消化快，因此容易就又肚子餓了）！

我在野蔓園種的米種爲台秈十號在來米。十號代表育種的順序，數字愈小，愈接近自然、也愈接近原生品種。其環境適應力強，只需適當管理，維持農地與環境的健康和永續性，不需使用到農藥和化肥。不過，近來因各地米種的區隔漸趨細微化，某些後期品種其實只是因生長地區不同而有所劃分，但仍源於同一母種，加上各地農改場的經費因

素，因此各自培育品種，現要瞭解原生父母品系，可說是越來越困難。

我爲什麼要種米？

一開始是因爲自己要吃米，但是慣行農法一味追求產量而忽略其他生物的生存需求，使我開始思考要用友善環境的方式種米。不能是自私地滿足自己的需求，而犧牲其他生物，甚至是後代子孫的健康。台灣的米可以種到二期，也就是一年能有兩次收成，南部甚至還可種到三期稻，多期生產的產量能讓農民有更多的收益，但爲了要照顧稻田，獲得更高的產量，農民就必須提高化學肥料的用量，以補足土壤中的不足養分。而因長期種植同種作物，所導致的病蟲害問題，農民也只能提高農藥用量來抑制。這些增加的

陽明山半嶺水梯田的風光。

藥用成本，都還是會回歸到消費者。更可怕的是，過度施用化肥，不只是不利土壤中的微生物生存、破壞土壤結構，以及讓土壤養分的比例失調，更是破壞了生態，例如蜜蜂失去方向感，回不了家、抗藥性的物種大量增加、隨風飄散的農藥的區域擴大性影響等等。當然，所採收的稻米就會帶有殘留的農藥，原本吃米是為了延續生命，現在卻危害身體健康了。

所以我在二〇〇六年開始於陽明山的最後一塊水梯田，向當地高齡八十一歲的老農木伯學習種植稻米。陽明山海拔五五〇公尺，在二七〇～三〇〇公尺的中間區域，當地人稱為「半嶺」的小聚落，僅有十幾戶居民。十幾歲就開始與土地連結為生的木伯，對於插秧、收割的種植經驗，絕對是我這個新手農夫要請益的。但在我與木伯的互動中，也發現木伯同樣習慣使用農藥與化肥，這就不符合樸門的友善耕種原則，以及「賺對環境友善的錢」理念。

和木伯比較熟識之後，我也才問了他為何一定要用農藥、肥料？他說就是因為大家要買便宜又漂亮的米，若不用藥種不出來，現在蟲都很厲害，毒不死的。八十一歲的老農都可以將化學種植說得很自然，回頭來看如今眾多的食安問題，也就不奇怪了。因為當農人成為商人、當商人成為財團，一切以經濟、賺錢為目的時，商業種植也就被合理化了。

在與木伯的互動中，我問他以前小時候，沒農藥、肥料，怎麼種呢？他說會「坳肥（台語，意思近似堆肥）」、用竹編的工具抓蟲（龜仔抓）。那爲什麼現在不做了呢？就是因爲大家都要方便，「自然」就不方便了！所以最終還是回到我們人類貪圖方便的本身私念！我與木伯分享了種植不是拚產量，應該要以產值爲勝的觀念。當然一開始，我的這位阿公級師父是難以割捨農藥與化肥的量產保證。所幸我透過實作，驗證不用農藥與化肥的產出收成還是不錯，雖然收成量看似只有別人的六、七成，但自然種植的品質和售價可以更高，其實並不需要擔憂收入。加上不少品嚐過我種的米的朋友向木伯推薦，讓木伯也漸漸接納友善環境的耕作方式。

因我不使用農藥、除草劑，採用自然種植，因此稻田裡雜草橫生，看起來似乎一點也不專業。一開始，木伯看到我種米不用藥、不除草……株株還都長得很有自己的個性，就說我不是在種稻，是在玩！是啊，務農不是工作，是生活，是甘願做的，是來玩的。比起專業種田，我更想要傳達的是，大夥在這片田地中，一同插秧、收割的樂趣，並從這樣的社群樂趣中，來和土地產生情感的連結。尤其都市家庭可藉由這樣的插秧或收割體驗，讓父母親可以改變只在一旁幫孩子拍照紀念的習慣，一起下田來參與、示範親手做做看的踏實感。

爲什麼我種的米，沒有福壽螺的問題？

最開始，有個學生聽完我講述樸門向自然學習的理念，與運用生物性服務的設計原則，就送我幾隻鱉來幫忙吃福壽螺。沒想到市場上的鱉已經吃慣了飼料，竟然都不吃福壽螺，慢慢看不見蹤跡了。本以爲凶多吉少，誰知第二年在打田完之後，我驚喜地看到水田裡有鱉行走過的痕跡，才發現有一隻活了下來。

除了利用鱉之外，我種稻不同於一般方式，是在插完秧之後就把水放乾，控制水位至不積水的程度，以讓福壽螺誤以爲現在是乾季，因此鑽進土裡，被迫休眠。等秧苗長大後，再放水，但這時從土裡跑出來的福壽螺，已經吃不動成熟的秧苗了，反而會去吃雜草的嫩葉，也等於是在幫忙我除草了。

鱉行走過的痕跡。

因爲福壽螺的原生地是在中南美洲，當地的乾季與雨季各半年，而養成了夏眠的習性。此時若欲用農藥去除也很難根除，反而汙染了土地。一旦觀察、了解生物習性，就可以化阻力爲助力，這就是樸門設計原則，利用生物性的服務（動物）來達成種植的目的。

「吃自己種的米」計畫

農夫是謙卑的，每個農夫都是彎下腰來種植，謙卑地面對土地。但農夫又是富有自信的，因爲能種出可以吃、可以養活人類的食物，所以很多農夫是最有主見的人。一般農地主也不會輕易將土地交給別人耕作。

我一位在宜蘭的學生哲宇，他父母親有一塊已經休耕二十多年的農田，因爲認同我的理念而願意把農田交給我來耕作。這對我來說其實是很有壓力的，因爲不只有學生、學生的父母，連左鄰右舍都看著我會怎麼種。幸好，我以

符合樸門的多樣性原則。除了在來米（糙米），我也種植圓糯米和紫米；紫米因成熟後易脫落，打穀時，更要格外溫柔。

友善環境的方式，人工割草、不灑農藥、不施肥，產量卻不會比採慣行農法的鄰田少。

這時大家又開始好奇，怎麼我種田似乎很輕鬆，卻又有不錯的收成。這是因爲種植是要用「心」來對待植物（稻米）。雖然是種在宜蘭，但在台北的我，腦海中也常會有自然想念起這些稻米的畫面。不要覺得不可思議或矯情，植物確實感受得到這種情感的養分，這也是種植的最大絕竅。亦不要一味地想要消滅所有的蟲，而是和蟲溝通：可以吃我的植物，但請吃某一區塊就好，不要吃光全部。我們和大自然的植物和動物都是互相依存的。

原本是種米給自己吃，從哲宇的老家農田開始來幫別人種，現在也到桃園龍潭、台

小小農夫體驗親手將成熟的稻穗割下，是最貼近生活的食農教育。

東池上、新竹竹東等地種米，所以產量就愈來愈多了。二〇〇四年，我參加了賴青松的實驗穀東後，從二〇〇七年開始，我也自己發起「吃自己種的米」的穀東計畫，作爲社區支持型農業的實踐，讓消費者支持在地小農的自然耕種，並共同分擔收成風險。

即使目前穀東認養的穀數，遠遠低於產量，但種米的目的，從來就不是爲了賺錢。甚至是因爲到各地種米，透過樸門自然種植的分享，才能結交到很多的朋友，並改變不少人的種植和飲食觀念，有機會傳達自給自足與在地消費的理念。

我鼓勵大家吃糙米，其實天然日晒的糙米，是最適合家人的健康，可惜多數人覺得糙米太硬，要先泡水，或是要用很貴的電鍋煮才會軟。糙米偏硬是因爲使用機器來進行乾燥，卻因過度乾燥，或是存放過久的老米所致。而我種的米，就是堅持人工日晒。夏季颱風多，收割前，要承擔歉收的風險，收割後，要三～五日晒穀，但烈日下，其實眞正被晒的是人；若一下雨，更要刻不容緩地收起日晒中的幾千斤稻穀，避免發芽，有時天候不佳或是碰上颱風，還得延長晒穀時間，都是在跟老天搶時間、搶陽光。

但這樣的堅持，手工日晒、天生天養的糙米，可以達到完美含水量十三．五～十四．五%，吃起來軟硬適中，也很適合老人與小孩享用。我有許多的支持者，都是買給家中老年人與小孩吃的。一位桃園穀東買給家中八十幾歲的父母吃後，就成爲老顧客了。原因就在天然日晒，以及烹煮時多加一點水，用大同電鍋煮，就很好吃！

那這麼多沒有賣出的米，該怎麼辦？一方面是捐贈給有需要的單位，這也是樸門的核心倫理——資源公平分享的友善實踐。另一個方式是搭配傳統文化，用古老的智慧來加工所種植出的產物，例如稻米除了是作爲主食的米飯，本書中也分享了消解夏日暑氣的米啤酒、收割後的新米可立即釀醋，舊米則能製成冬天可活氣養血的米酒和甜酒釀等多樣性飲食。

糧食自給率、食物里程數，好像是離我們很遙遠的議題，但其實我們選擇每一頓飯的食材，都會影響田裡種些什麼。不吃米，很多農田乾脆休耕，甚至是蓋起了豪華農舍；而米也不只是米飯，盛產米的台灣，在地食材就可衍生出多樣的副產品。

STEP1 選種

汰選品質差的稻穀

[材料] 10 台斤稻穀、20 公升溫開水、鍋子、漏勺、鹽巴

[作法] 1. 在約 50°C的溫水中加入約 5 ～ 7% 的鹽巴（增加選種溶液的比重），然後將米浸入並充分攪拌。因為育苗時天氣尚寒，溫水可喚醒稻穀。

2. 品質較差的稻穀與雜質會浮在水面上，用漏勺將其撈除。越重、越結實的稻穀所育出的秧苗品質較佳。

STEP2 浸種

將稻穀浸泡水中加快發芽速度

［材料］鍋子、汰選過的稻穀

［作法］用鍋子裝稻穀，然後放在水龍頭下方用活水浸泡稻穀約 1 ～ 5 天（水溫越低，天數越長），促進發芽與發根。

STEP3 鋪盤

將稻穀鋪上育苗盤

［材料］泥土、篩子、育苗盤、細木條、灑水器

［作法］

1. 將土過篩，確保沒有小石頭或雜物。

2. 將過篩的土平均鋪在育苗盤上，可以用細木條將土鋪平，如此稻穀才能均勻接觸土壤，避免高低起伏而影響發芽速度。

3. 用灑水器輕輕灑水，不要讓水滴落下的力道影響稻穀的高低厚度。

STEP4 保溫

保持育苗環境的溫度

[**材料**] 方形水桶、小木條、麻布袋或薄毯

[**作法**] **1.** 將育苗盤一層一層疊好放入水桶內，並用小木條將每一盤隔開，保留發芽的空間。

2. 用麻布袋或薄毯蓋在水桶上面，保持一定的溫度。

3. 每天要將育苗盤搬出來澆水，確保土壤溼潤後再移至水桶裡。

STEP 5 催芽

耐心等待秧苗長大

[作法] 1. 待芽鞘長出約 1 ～ 2 公分後，需每天早晨將育苗盤移至戶外接受陽光，讓秧苗開始行光合作用。

2. 約 20 ～ 25 天後，秧苗長出第二片完全葉，苗高 10 ～ 12 公分時，就可以移植插秧了。

STEP6 插秧

將秧苗種進水田裡

[作法] 1. 插秧前 1 天，將水田的水放乾，維持土壤在溼潤狀態但又不積水的程度。

2. 赤腳踩進水田裡，採倒退的方式由前往後插秧。

3. 抓起一小叢秧苗（約 4 ～ 5 株），小心地將根系壓入土壤裡，每叢之間保持約 30 公分的距離。可以在手可觸及的範圍內一次插 2 ～ 3 行。

4. 祝福它們「健康長大」。

STEP1 割稻

收割纍纍稻穗

[**材料**] 小鐮刀、斗笠

[**作法**] **1.** 收割前半個月，將田裡的水放乾，避免彎垂的稻穗吸收到水分，使其過度生長，也方便收割作業。但遇下雨、颱風，往往稻田積水，稻禾易傾倒發芽，這就是看天吃飯的不易。

2. 虎口握住一把稻穗根部，刀口向下割斷。割不斷時，也勿直接使力抽斷。

※ 人在彎腰時，刀口出力方向會自然朝上，要特別注意安全。

3. 以同一方向進行割稻：每 3 ～ 5 刀量為一束，下一束交叉擺放。

STEP2 打穀

稻穀脫粒

[材料] 腳踏式打穀機

[作法] **1.** 一人腳踏踩穀機，其他人抓起一束稻穗，在打穀機上翻動稻穗，讓機器將稻穀打落。

2. 用米袋將脫下的穀粒裝袋準備晒穀。

STEP3 晒穀

以古法日晒法來乾燥稻穀

[**材料**] 掃把、帆布、耙子

[**作法**] **1.** 將地面上的小石頭清掃乾淨（避免小石頭刺破帆布），再將帆布攤開鋪平，並用石頭或重物壓住四個角。

2. 將稻米平鋪在帆布上，分成一條一條的壟（成小山丘狀），每條壟的中間保留可走動空間。做壟的目的是要讓每一粒稻米，都能夠充分地吸收到陽光。

3. 依陽光的強度來翻壟，若陽光非常強烈，每 15 ～ 20 分鐘就得翻一次米；陽光若較微弱，約每 20 ～ 30 分鐘翻一次。

在宜蘭收割晒稻時，當地居民總是會主動向我們傳授過去晒稻的經驗和技巧，甚至很熱心地分享附近種植了什麼作物、如何照顧作物，以及如何判斷作物已經成熟可以採收，極富人情味。

在晒稻過程中，若遇到下雨，稻米容易發芽，還會散發出不好的味道，影響米的品質，所以在烏雲聚集之前，必須非常快速地將數千斤的米集中在中間區域，然後用帆布覆蓋。若還是滲進了雨水，也必須及時地挑除溼掉的稻米，避免與其他乾米混雜。

4. 約 3 天後，可先輕咬稻穀，若有清脆的喀嚓聲，差不多就是晒到所需要的溼度，然後可拿些許稻米樣本至碾米廠，檢驗溼度是否為所需 13.5 ～ 14.5%。

5. 將稻米裝袋，運至碾米廠進行脫殼。

●現代的碾米廠因為擔心損壞機器，多不喜歡碾糙米，而現今傳統的土礱間也所剩無幾。原本幫我磨米的土礱師阿公，這兩年因為腳受傷而休業了。我找遍整個宜蘭地區、打了十多通電話，終於找到「阿公ㄟ土礱間」。阿公從民國 35 年開業至今，承載了整個宜蘭平原的稻米歲月，現在還能看到、聽到這台老土礱轟隆隆的運轉，令人十分感動。阿公硬朗的身體與溫暖的笑容，也讓我們的稻米更添了一分人情味。

STEP4 碾米

去除稻穀殼

[**材料**] 家用碾米機、米袋

[**作法**] **1.** 將晒好的稻穀慢慢倒入碾米機，利用移動卡榫來控制進入機器的稻穀數量。稻穀是藉由兩側的轉輪來碾除外殼，米量若太多，側輪無法轉動，只能停止機器，用手將卡在輪子中間的稻穀取出。

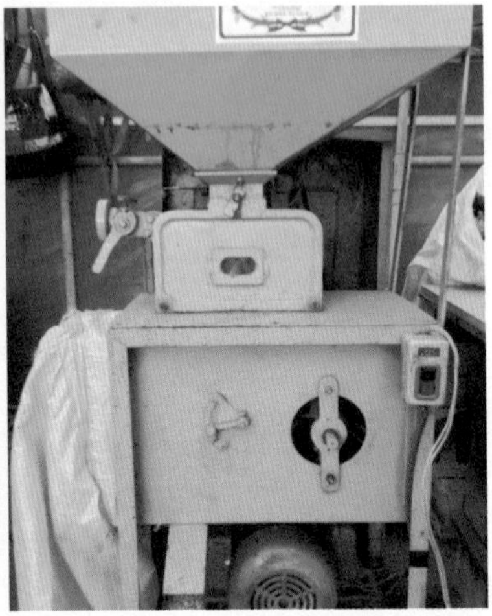

2. 將碾完的米，秤出每一包所需要的包裝量後，再以真空機密封。只要不開封，就可長期保存。開封後只要放到冰箱保存，還是可以有很好的口感！

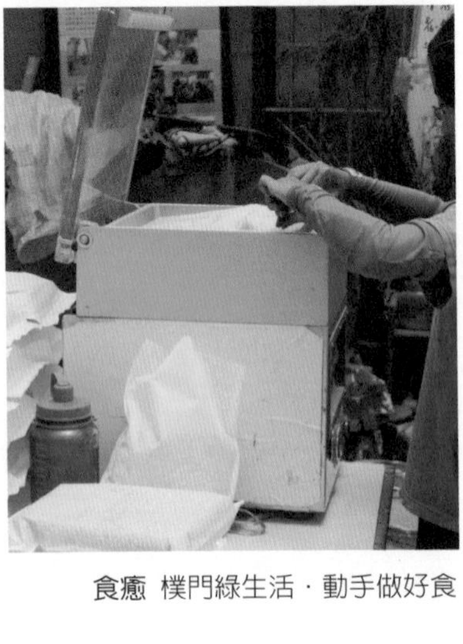

我們每天辛苦工作是爲了什麼呢？都是爲了吃（生活）。但一個月中九十餐，有多少餐，您好好吃著飯呢？希望您一起來野蔓園參與手工插秧、手工收割，吃自己種的米；或是找到離您家最近的農友，支持在地友善生產的稻米。

我與野蔓園的米足跡：

2004
參與賴青松的實驗穀東。

2005
在陽明山半嶺試種水梯田。

2006
在宜蘭員山種米。

2007
發起宜蘭員山吉田米共耕，並發展出「吃自己種的米」的計畫概念。

2008
與花蓮理想度假村合作「樸門理想大地」，一半收成設計為精緻伴手禮，一半捐贈予當地教養院。

2010
伊聖詩企業認養半嶺水梯田保育與希望森林計畫。

2012
「吃自己種的米，留一塊乾淨土」榮獲第四屆學學獎——綠色公益行動組特別獎。

2014
到宜蘭羅東、台東池上種米。

2015
到桃園龍潭種米。

2016
「呷自己」計畫，發展社區循環經濟、社區共食的概念，並朝向集合同好與樸門學員發展「呷自己市集」。

野蔓園換工楷庭說：離開時，我不只帶走一把稻穗，木伯的草繩，一顆溫暖的心，還有嶄新的生活態度。

坤育說：我終於感覺到福岡正信的一根稻草的革命，一根稻草其實是很重要的。它可以生出一穗稻米，一傳十，十傳百，慢慢地整個世界就能有所改變。

節氣飲食

米味甘性平，可以補中益氣、健脾養胃，一年四季都可以善用米來保養身體。春季是一作稻米插秧生長的季節，此時萬物甦醒、陽氣發展，適宜用前期的稻米製作養生粥品。在夏季時採收稻米，此時的陽光用來晒稻米剛剛好。米啤酒含有多種營養素，適宜補充因流汗而流失的維生素、礦物質等。所謂「新米做醋、老米做酒」，剛採收下來的米含有飽滿水分，可以用來做醋。醋屬性生酸、主收，適宜秋季萬物收斂的季節飲用（不適宜早晨與春天）；而冬季進補時，可以用去年收成的米釀成米酒作為藥引，活氣養血，幫助人體吸收食材的精華。

手作的祕訣

「發酵」其實是人類觀察並模仿自然界中的微生物活動，將其應用在製作日常的食物上，並藉由微生物把許多營養成分分解為小分子，讓食物的營養更容易被人體吸收的方式。穀物裡的蛋白質會被分解成為多種氨基酸、澱粉被分解成更小分子的葡萄糖。此外，還有許多維生素B群、鈣、磷、鉀、鎂等多種人體必需的微量元素。而酒釀裡的微生菌可以整腸健胃，提升腸胃道的功能，對於有腸胃不適或過敏的朋友可以藉此食療改善身體，促進血液循環與新陳代謝。

糙米、白米、糯米、高粱等穀物都可用來釀酒、釀醋，但因爲澱粉結構等差異，在製作方法與風味上會有所不同，但大致的發酵流程是類似的。在將麴菌拌入煮熟的穀物後，微生菌開始將澱粉分解爲葡萄糖，然後在無氧環境下，葡萄糖會被分解並釋放出二氧化碳與酒精。所以發酵的時間越久，酒味也會越重。若有空氣中的醋酸菌參與，則酒精將會被氧化分解爲醋酸和水，因而口感也就偏酸成爲醋了。

上／紫米，中／糙米，下／白米。

米啤酒

啤酒是人類從採集游牧過度到定居農耕型態的重要象徵之一，最早可追溯到幾千年前，美索不達米亞地帶的蘇美人（Sumer）發現將麵包浸溼後，會發酵產生令人愉悅的液體，而啤酒因營養成分豐富，更有「液體麵包」之稱。

啤酒的酒精成分偏低（二～七．五％），是所有酒類裡含量最低的，一年四季、一天三餐皆可飲用。啤酒的香氣、苦味、尾韻、口感等，會因爲使用的材料比例、發酵時間、酵母菌種等而有所差異，這也是爲什麼精釀啤酒會掀起風潮，讓許多愛好者不僅只於品嘗，而開始動手自己釀造，創造出獨一無二的啤酒風味。下次要喝啤酒時，可以試著用品紅酒的心態來探索其中的滋味。

在台灣，像是啤酒這一種氣泡多、酒精濃度低的酒類，還是從國外進口的居多，大幅增加食物里程的碳排放量。若能運用台灣本土的穀物發酵成啤酒，更符合樸門所倡導的友善生產與在地自主生活。

STEP1 浸種

挑選結實的稻穀，用活水浸泡 3 天

［材料］8 斤稻穀、大鍋子

［作法］**1.** 用手輕搓洗滌 8 斤的稻穀（還未脫殼的稻米），然後撈除因長得不結實而浮在水面上的稻穀。整理後實際大約需要 5 斤的稻穀量。

※ 有瑕疵的稻穀還是可碾成米來食用，但米啤酒需要結實的稻穀來進行發芽、發酵。

2. 用活水浸泡稻穀 3 天，讓水龍頭持續滴水，保持泡米的水不斷地流出和滴進，以徹底清洗稻穀表面雜質、軟化外殼，並活化胚芽內的酵素，加快發芽的速度。

※ 稻穀若不容易購買，可用胚芽米或糙米來替代，但用烘乾機乾燥過的糙米會比較難發芽。

STEP2 催芽

稻穀發芽

［材料］5斤稻穀、育苗盤、黑布、灑水器

［作法］1. 瀝乾稻穀後，將稻穀均勻鋪在育苗盤或是平坦的容器上，厚度約1公分（不加土）。如果稻穀鋪得太厚，芽根容易發霉。不過只要將發霉的部分拿掉，其餘還是可以使用。

2. 蓋上黑布或紙箱等不透光物品，或放在陰暗處，避免光線照射。

3. 每天灑3次水保持溼潤。大約3天，稻穀就會開始冒芽。5天～1週後，待嫩芽長到2～4公分的高度，將整盤的嫩芽剝開成許多小束，並稍加清洗。此時胚芽中的糖化酶含量最多，若芽超過4公分或接觸到陽光開始行光合作用，糖化作用會開始減緩。

STEP3 乾炒

將稻芽炒乾

[材料] 5 斤稻芽、炒鍋

[作法] 將稻芽稍微陰乾後，放到鍋子裡乾炒（不放油），炒到芽變色即可。這麼做是讓澱粉熟化，預做澱粉糖化的準備。也可改用烤箱來烘乾，溫度設定在 70°C以下，避免稻芽的澱粉酶被破壞。

※ 稻芽烘烤的程度會影響日後啤酒的風味：烘烤越久、稻芽顏色越深、啤酒的顏色也會較深，並帶有焦糖的味道。

STEP4 糖化

將澱粉分解為糖

[材料] 5 斤乾芽、25 公升溫開水、溫度計、果汁機、鍋子

[作法] 將乾炒後的稻芽放入果汁機，打成粉狀，可增加澱粉接觸水的面積，並加快澱粉水解的速度。再以 1：5 的比例加入 70℃以下的溫開水，慢慢攪拌並自然降溫，活化適宜不同溫度的澱粉酶，即完成了澱粉的糖化。

STEP5 一次發酵

加入酵母菌和啤酒花，進行 7 ～ 10 天的發酵

[材料] 溫度計、酵母菌、啤酒花、發酵桶、棉布袋、鍋子

[作法] 1. 待芽水降溫至 40℃後，用棉布袋將稻芽與芽水分離。

2. 在芽水中加入啤酒花，用小火慢滾 30 ～ 40 分鐘，中止澱粉酶的發酵。

※ 啤酒花主要有香型和苦型兩種口味，建議先試試香型啤酒花，再酌量使用苦型啤酒花增添苦味。啤酒花的分量則依個人口感偏好，可多可少，也可在熬煮的過程中分批次加入，創造不同的風味。以這次 5 斤的稻芽量，我大約使用半包啤酒花（14 克）。

※ 啤酒花可於啤酒原料器材店購買，也可以在中藥店購買蛇麻子來替代啤酒花，蛇麻子的花又比葉子來得更有風味。

3. 將鍋子浸在冷水中或沖冷水降溫，因如果溫度太高，將不利於下一步驟的酵母菌活性。

4. 芽水降溫至 40°C後，用棉布袋將啤酒花過濾掉，並裝入玻璃、不銹鋼，或是奶瓶類材質的大桶罐中來準備發酵（裝至 7 分滿即可）。

5. 將酒麴搗碎後加進發酵桶內，酵母菌會開始分解糖，並排出二氧化碳、產生酒精（乙醇）。

6. 前 3 ～ 4 天，每天稍稍搖晃發酵桶後，再轉開蓋子（不用完全拿起蓋子），讓空氣進入以提高酵母菌的發酵速率。

7. 每天觀察發酵桶的氣泡狀況，若氣泡愈來愈少，表示罐內漸漸沒有空氣，養分也被酵母菌消化得差不多了，將開始進入休息狀態。

※ 可在傳統市場購買中式酒麴，一顆約 20 元。使用 1 / 4～1 / 2的分量即可。

STEP6 二次發酵

裝瓶後，進行1個月的發酵

[材料] 糖水、漏斗、湯勺、酒瓶、酒蓋、壓瓶器

[作法] 1. 將發酵桶中的一次發酵啤酒液用湯勺與漏斗小心地倒入已消毒過的酒瓶內。

2. 裝至5分滿後，加入糖水、蜂蜜，或是果汁，利用糖水的糖分來促進酵母菌發酵，二次發酵，提高酒精度與氣泡。加入糖水後的容量，約為酒瓶的8分滿（約是瓶口窄身處的1／3），不要裝滿，要保留容納二氧化碳的空間，否則會爆瓶。如果不喜歡太甜，也可以是6、7分滿的酒，1、2分滿的糖水，但發酵的氣泡會較少，較不綿密。

3. 用壓瓶器將蓋子壓上酒瓶。若沒有壓瓶器，酒蓋一定要旋緊。1 週後放入冰箱冷藏 1 個月，就可喝到風味獨特的自製米啤酒了。這也是含有活性酵母的「生啤酒」，風味會隨時間改變。

4. 若有進行滅菌，也就是運用巴士德消毒法將啤酒隔水加熱到70℃約 3～5分鐘，中止發酵作用，即為「熟啤酒」，如此啤酒的品質會相對穩定，可延長保存期限至 6 個月以上。

甜酒釀

甜酒釀是一種用糯米發酵製成的滋補品，又稱醪糟。吃起來香甜可口，夏天可以消暑、補充體力，冬天吃則可以暖和身體。除了直接食用外，酒釀還可以加入菜餚裡作爲調味品、加入糕點增添香氣，或加入桂花、水果、湯圓、蛋等，變成美味的節氣小吃。因酒釀已經含有糖分，所以食用時不必再額外加糖，避免攝取過多的熱量。若要吃熱的酒釀，起鍋前再加入即可，避免久煮破壞酒釀的營養成分。

酒釀對女性朋友來說是物美價廉的天然保養品，不僅補氣養血、改善手腳冰冷的狀況，在經期前後喝還可以減低經痛的發生。香甜的酒釀很容易讓人一口接著一口吃，不知不覺就吃掉一整罐，其實最好的方式是每天吃一匙，並持之以恆，長久下來會慢慢發覺身體有所改變。

STEP1 煮飯

將米煮熟

[材料] 15 杯糯米（約 4 台斤）、電鍋

[作法] 以 1 杯米配 0.8 杯水的比例量，外鍋 4 杯水，將米煮熟，方可煮出粒粒分明的半生熟米。太熟的軟米因水含量高，易失敗。

STEP2 接麴

將酒麴拌入米飯

[材料] 酒麴、冷開水、溫度計、飯匙

[作法] 用飯匙將米飯拌開、翻動使之降溫。待降溫至40℃以下後，均勻拌入磨成粉的酒麴。若超過 40℃，溫度太高會殺死酒麴菌。也可用冷開水先淋入米飯中再瀝乾，這樣降溫的速度會較快，米飯也較不會黏在一起，不過這種淋飯酒的製作方式，口味會較甜、酒味較薄。

※ 酒麴是甜酒釀口味的關鍵，所以一定要品質良好，可至傳統市場的南北貨行購買。

※ 製作酒釀通常用的是糯米，因糯米的支鏈澱粉被微生菌分解的速度較快，味道也較討喜。但也有人用糙米製作，因為糙米保留了更多米的營養成分，不過因為麩皮含有些微油脂，在釀造上要特別注意環境條件，否則容易造成品質不穩定而失敗。

球狀的酒麴可搗碎後，放入胡椒鹽罐中，再灑入米飯裡；粉狀的酒麴，可直接加入米中混拌。

STEP3 將米飯裝罐

[**材料**] 湯匙或擀麵棍、玻璃罐

[**作法**] **1.** 玻璃罐先用熱水煮沸消毒後瀝乾備用。

2. 將拌好酒麴的米飯裝入玻璃罐至 **7** 分滿，保留二氧化碳的空間，然後用湯匙或擀麵棍在中央處挖出一個井洞，可觀察米飯出酒的情況。

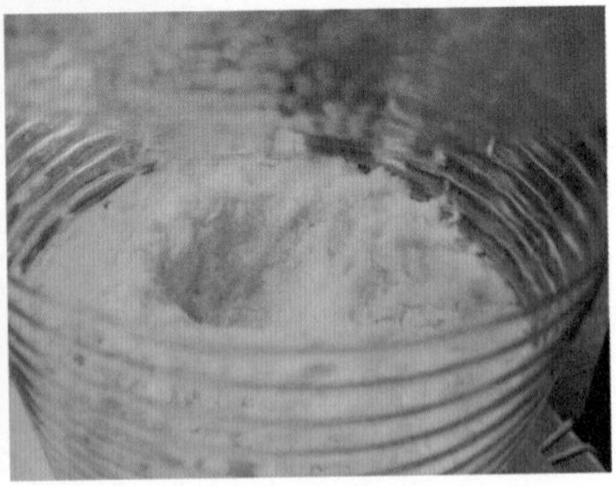

STEP4 發酵

保持溫度讓酒麴開始發酵

[材料] 保麗龍箱、薄毯

[作法] 1. 用薄毯或衣物包住罐子保溫，再放入保麗龍箱中，維持 30～35℃。

※ 溫度若不足，發酵速度會變慢；若溫度過高，發酵速度快，酒精易被氧化形成醋酸，酒釀就會發酸了。

2. 酒釀發酵的時間視溫度而定，一般 3～5 天後即可食用。發酵過程中每一個階段的口感都不一樣，喜歡甜味者，發酵所需時間較短，米粒的口感較扎實；若喜歡酒味較濃，可延長發酵時間約至 1 星期，但米粒的口感會較軟爛空虛。

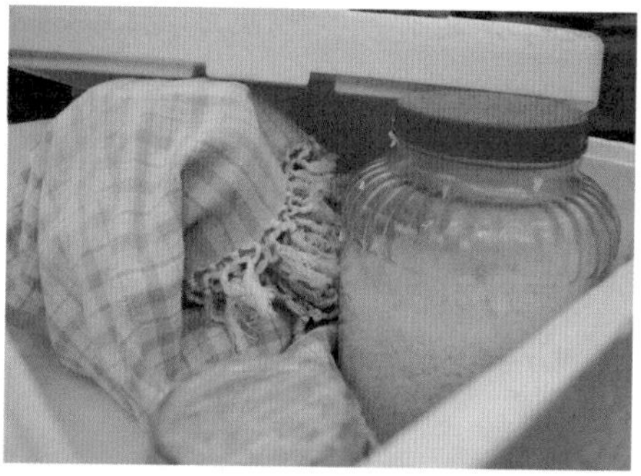

3. 完成後的甜酒釀須放置冰箱保存，減緩酒麴菌的活性，便可長期保存。務必用乾燥、乾淨的湯匙取用。

在穀物欠收的時代，不會有多餘的穀物可以製酒，因此酒代表著豐盛的收成，也多半用於祭神。

米酒

在台灣原住民文化中，酒是神聖的，只有在祭典時才能飲用，因而也象徵著人與自然之間的關係。米酒除了直接開瓶飲用之外，較高濃度的米酒（四十度以上）也可以用來浸泡水果，成爲水果酒（如梅酒、桑葚酒），或是加入果醋、果汁製成調酒，也別有趣味。

米酒也是一種日常料理的調味品，可以提升菜餚的風味，幫助食材的養分更容易釋放。米酒可作爲藥引，有調經活血、促進新陳代謝的功效，除了冬令燉補一定會加米酒之外，一般做月子時，爲避免酒精藉由哺乳影響胎兒健康，須將三瓶米酒煮成一瓶米酒水來幫產婦調養身體。

現今米酒廠生產的米酒原料多使用地瓜等澱粉取代，而不是用純米去發酵，因此消費者選購前可多加注意產品的成分。

STEP1 煮飯

將米煮熟

[材料] 5 斤白米、電鍋

[作法] 以 1 杯米搭配 0.8 杯水的比例量，將米煮成粒粒分明的狀態。太熟的軟米因水含量高，易失敗。

STEP2 接麴

米飯放涼之後接上酒麴

[材料] 飯勺、竹篩、酒精、酒麴、冷開水、溫度計、碗公

[作法] 1. 將米飯攤開在用酒精消毒過的竹篩上，用飯勺輕輕翻動使其降溫至 24 ～ 28℃。如果溫度太高，不僅降低酒麴菌的活性，發酵的時間也會過快，易變質變酸。

2. 將酒麴拌入冷開水中，再用手沾酒麴水來拌米，一來可以均勻接麴，二來也可避免米粒黏在手上。

※ 一般小包裝的 8 克酒麴，可酌量使用 1 ～ 1.5 包。

STEP3 糖化

將米飯置入缸內進行一次發酵

［材料］窄口的缸或甕

［作法］1. 將拌麴後的米放入缸、甕，或是奶瓶類材質容器內，並用手在甕內輕輕將米飯壓實。

2. 放置 2、3 日後，澱粉將被酒麴菌分解為糖分。

※「酒醋同源」，酒為厭氧發酵的產物，若有空氣中的醋酸菌參與發酵過程，酒精就容易被氧化發酵為醋，因此製酒多使用窄口的容器，水也要一次性加入，不要每天開罐，過於頻繁地接觸空氣將易使醋酸菌進入。

STEP4 酒醪發酵

加入冷開水進行二次發酵

［材料］冷開水

［作法］水解澱粉所釋放出的糖度含量高（12～16度），不適合釀酒發酵，因此再加入冷開水來降低甜度（降至7～9度），進行酒精發酵。加入的冷開水量要低於米量的1.5倍，依不同菌種，發酵時間至少10～15天，也可達一個月、半年，甚至數年，時間愈久愈好。

STEP5 蒸餾

從酒醪中蒸餾出酒液

［材料］鍋子、棉布袋、蒸餾機

［作法］大約經過3個月至半年，將酒醪瀝出後的酒液置入蒸餾鍋中蒸餾，即可得到純米米酒。蒸餾過程中，最一開始的蒸餾液中含有甲醇，一般不取。待酒精度數少於70度時可開始收集入瓶，裝至8分滿即可。

米醋

「酒醋同源」，相傳酒聖杜康的小兒子黑塔發明了醋的做法，和父親學習釀酒時，他覺得扔掉釀酒後的酒糟相當可惜，就將酒糟存放在缸裡浸泡，沒想到在二十一日後的酉時開缸，竟然有一股從未聞過的酸香味。黑塔品嚐後，發現另有風味，且身體會發熱，便將這多出的發酵時間（二十一日）「昔」和酒的古字「酉」合併，成爲「醋」字。

所謂「柴米油鹽醬醋茶」，開門七件事中，醋就占了其中一項。在日常料理中可以用來製作涼拌菜、提升菜餚與米飯的風味層次。醋不僅是一種調味品，也是一種養身的飲品。它含有多種鹼性胺基酸、多種醣類、有機酸、維生素B群、礦物質等，當運動或勞動之後，肌肉因乳酸堆積而產生疲勞痠痛感，此時可飲用醋，藉由其中的有機酸來將乳酸代謝掉，促進新陳代謝。不過若要喝醋，一定要兌水稀釋，才不會傷害胃壁。醋也可以用來製作泡製醋，將盛產的水果（如梅子、檸檬）浸泡在醋中，可以調和醋的口感與香氣，形成另一種美味的醋飲。

STEP1 醋酸發酵

將米煮熟後糖化

[材料] 酒醪、冷開水、木製攪拌棒

[作法] 1. 依照米酒作法，製作至酒醪發酵，10 ～ 15 天後，再加入冷開水進行二次發酵。冷開水的量要低於米量和酒醪發酵時所加進的水量。

2. 打開蓋子攪拌，讓空氣中的醋酸菌自然落入容器中。

※ 醋酸發酵為好氧發酵，因此釀醋可使用廣口容器，若是窄口容器就不要蓋上蓋子，只要在瓶口處覆蓋紗布即可。

STEP2 陳釀

連續 7 天攪拌，讓甜度降至 4.5 度（甜度若還是較高，就再加水），放置半年後就可開封飲用，也可放置更久時間成為陳釀醋。陳釀醋的發酵程度已經穩定，並不會因時間而有所變化，但香味會愈陳愈香。

米麴

一般製作豆腐乳、味噌的時候，會添加米麴作爲發酵菌種，用來分解澱粉與蛋白質。除了到南北貨商店購買之外，也可自己動手製作米麴。

STEP1 煮飯

將米煮熟

［材料］15 杯白米（約 4 斤）、電鍋或蒸籠

［作法］一般煮飯為 1 杯米配 1 杯水量，米麴的水量減至 70 ～ 80% 即可煮出粒粒分明的半生熟米；太溼的軟米因水含量高，易腐壞。

STEP2 接菌

將種麴灑至米飯上

［材料］果汁機、棉布、無孔竹篩、飯匙、保麗龍箱、藥用酒精、溫度計

［作法］1. 用果汁機將所購買的米麴打碎作為種菌。竹篩洗淨晾乾後用酒精消毒。

2. 待煮熟的米飯倒在竹篩上，用飯匙攪散降溫至 30°C後，均勻灑入米麴粉末。

※ 米麴量並無一定，量多發酵較快。

※ 米若太黏，雙手可沾冷開水來撥開米粒。

3. 拌好米麴後，在竹篩上覆蓋棉布保溫、隔絕空氣中的其他雜菌與避免蚊蟲，再放入保麗龍箱中。天氣較冷時，箱內可再放壺熱水加溫。

4. 3～4 天後，若米飯上布滿白色的菌絲，就是接菌成功。將箱內米麴移至陰涼通風處乾燥，以免長出孢子。

5. 把完全乾燥的米麴剝開，用紙袋包住後放入冷凍庫，即可長期保存。

隱藏版

稻草的妙用

稻草的用途非常多，但在使用前須先晒乾才能長期保存。取數根稻草在稻穗處交叉轉三、四圈來綑綁稻草，剩餘的稻草莖收進稻草環中。旋轉整束稻草來檢查是否有綁緊，然後放置於田中，讓陽光自然乾燥。

稻草剪成段後覆蓋在菜畦或果樹的土表，可避免土壤直接受到日晒，保持溼度、避免雜草生長，穩定微氣候。

稻草可作為自然建築（土石屋）的材料，用腳踩踏混合黏土、細沙、稻草，製作成土團（Cob）。稻草彷彿是泥漿裡的鋼筋，纖維質可增加結構強度。

隱藏版

草繩製作

相信大家都用過粉紅色的塑膠繩，雖然方便，卻也容易脆化，變成汙染環境的垃圾。用稻草製成的草繩，不僅可以用來綑綁、防撞，也可以編織為藝術品，更可以回歸土地成為養分。

STEP 1

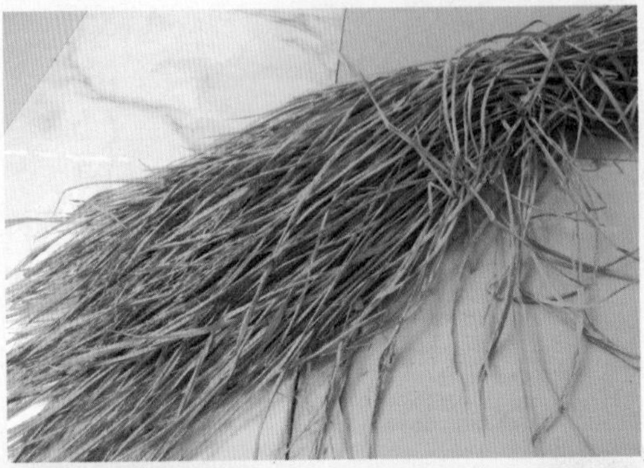

取 4 根乾燥稻草，在最下方打結。稻草若還有水分，則容易斷裂，也不好搓。

STEP 2

每 2 根為一組進行搓合，搓合一段後，以反方向纏繞 4 根稻草，亦即若順時鐘方向搓合，4 根稻草的纏繞則為逆時鐘方向，如此重覆進行。

STEP 3

一直編到想要的長度後，在末端打結。

2 小麥

小麥是禾本科小麥屬植物，多在溫帶乾燥的氣候區栽培，爲一年生作物。人類栽培小麥的時間非常久遠，據考古資料約在八千多年前西亞地區發現，並於五千多年前傳入中國。台灣大量種植小麥的紀錄可追溯至日治時期，因其可以輪作、間作與旱作的粗放特性，在當時成爲重要的雜糧作物。一九七〇年間，因台美貿易政策大量進口而導致台灣的小麥、玉米，以及黃豆的種植都受到壓制。目前台灣的小麥種植僅限於台中大雅、彰化大城與台南學甲一帶。近來因糧食安全的議題，爲提升糧食自給率，有越來越多農民將休耕地轉種小麥，增加在地食材的來源。

種植小麥的土質不拘但務必排水良好，可以灑播或條播的方式。種植時間約在第二期稻作收割後至隔年第一期稻插秧前，也可以在第二期稻作收割前先灑種，收割下來的稻稈直接作

爲小麥的覆蓋物，節省種植照護時間，雜草也較少。在生育初期需要適當給予水分，待小麥成熟時則需要乾燥的環境。從隔年春天開始，到六月的芒種時節，小麥即成熟可收成。

小麥是全世界產量與栽培面積最高的主要糧食。它的穎果可磨成粉加工製成多種麵食，麵條、麵包、蛋糕、麥芽糖、啤酒、麥味噌等，麥稈可以用來覆蓋菜畦或編織，乾燥後的麥穗也可以作爲插花的素材，甚至麥稈可作爲吸管，用途非常廣泛，是典型的「樸門植物」，也就是符合多功能的原則（至少要有三種以上的功能）。

台中大雅小麥田。

手作的文化

麥芽糖是澱粉被澱粉酶分解成的雙醣，相傳是最古老的糖之一，古希臘人和羅馬人有使用麥芽糖的紀錄。也有一種說法是愛爾蘭的化學家和啤酒製造者科尼利厄斯•奧沙利文（Cornelius O’Sullivan），在一八七二年發現了麥芽糖。

在中國的歷史記載中，麥芽糖可能是因爲沒有將穀物保存好，導致發芽，卻意外發現穀物中的澱粉會轉化成糖。《神農本草經》中記錄：「飴即軟餹。凡粳粟火麻白米皆堪作，惟糯米作者入藥。」是指將糯米、粳米、麥、粟或玉米等蒸煮、發酵後，再加入麥芽，經由發酵糖化所製成的軟飴糖或硬糖。

除了酒矸倘賣無，廢鐵瓶罐還能換什麼？在我小時候，如果聽到敲鐵罐或搖竹筒的聲音，小朋友們就會趕回家拿廢鐵瓶罐，要跟走街換貨郎換麥芽糖。麥芽糖是兒時回憶，原來也早已是資源回收的小小實踐。

節氣飲食

節氣——立春・雨水

立春是二十四節氣中的第一個節氣，約是二月四日~五日，代表冬天結束，春天來臨。剛結束大魚大肉的冬季，脾胃虛要調養，因此可以食用麥芽糖來作爲日常保養。麥芽糖具有潤肺止咳、補脾益氣、緩急止痛的功效。它可以調和藥性，常作爲藥引。我們熟悉的枇杷膏，甜味就是來自麥芽糖。

手作的祕訣

麥芽糖

麥芽糖的糖度比水果糖類、蔗糖都低，約爲八～十二度，屬於低甜度、低熱值糖類，甜味溫和帶有一點苦味。麥芽糖應用範圍很廣，不僅可以替代糖的用途，減少糖的購買與依賴，還可以加入醬汁中以增加黏稠度，也可加入醬油中提味（但不搶味），或是爆米香的時候作爲米粒的黏著劑。麥芽糖的製作至少得熬煮六～八個小時，且一公斤的麥穀大約只能提煉八十～一百克的麥芽糖，因此是非常珍貴的食材。

STEP1 浸泡

浸泡小麥 4～6 小時

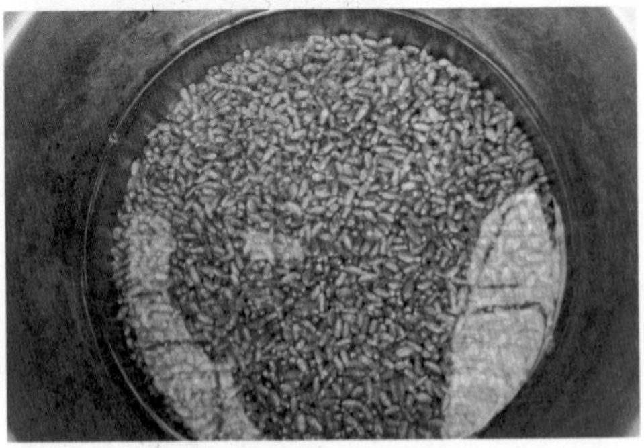

[材料] 5 斤小麥（已脫殼未脫胚）、鍋子

[作法] 用清水洗淨雜質，並挑選出結實的小麥（沉在鍋底的小麥重量較重），然後泡水 4～6 小時，中間換 1 次水。

※ 若泡水太久，小麥會過溼，變得軟爛。

STEP2 催芽

麥穀發芽

[材料] 浸泡好的小麥、育苗盤、黑布或紙箱

[作法] 1. 將浸泡後的小麥鋪在育苗盤或是平坦的容器上，厚度約 1 公分，並蓋上黑布或紙箱等不透光物品，避免光線照射。1 天澆 1 ～ 2 次水，連續澆水 4 ～ 5 天。

※ 如果小麥鋪的厚度太高，上面蓋的布或紙箱容易被芽頂開，造成光線進入，芽就會開始進行光合作用，然後快速長到偏綠或完全綠色，這樣吃起來會有苦味。金黃色的芽是最甜的。

2. 當嫩芽長到 4 ～ 6 公分的高度，將整盤的嫩芽剝開成一小束、一小束，稍加清洗。此時芽的澱粉酶含量最多。

STEP 3 糖化

熬煮麥芽

［材料］麥芽、鍋子、冷開水、糯米飯、果汁機／磨粉機、麵包窯（自家可用烤箱）

［作法］**1.** 運用麵包窯或烤箱將麥芽烘乾，提高澱粉糖度。

2. 可將乾芽磨成粉以增加水解速度。

3. 加入涼的糯米飯，讓麥芽中的酵素分解糯米中的澱粉，加速糖化。比例是 2 份飯搭配 1 份麥芽。

※ 糯米飯若剛煮好就放入麥汁中，高溫容易破壞麥芽中的酵素。

4. 加水熬煮 3、4 個小時，過程中需不停地攪拌。溫度維持在 40 ～ 60˚C之間，溫度太高會讓酵素活性降低，麥芽汁容易發酸變質。

5. 觀察糯米飯，呈現空心的狀態時表示澱粉已水解完成。

STEP4 過濾

進行汁渣分離

［**材料**］熟麥芽、濾網或棉布袋、脫漿機、桶子數個

［**作法**］**1.** 讓熬煮完的麥芽稍稍冷卻後，用濾網來分離麥芽和汁液。

2. 將汁液倒入脫漿機，過濾汁液中的細渣。在出漿口處放置一個桶子來盛接麥芽汁。因煮過的麥芽汁是呈濃稠狀，可能容易塞住洞孔，故可加些水稀釋。

※ 若沒有脫漿機，最簡單的方式就是放到棉布袋中，用手擰轉來過濾出汁液。

STEP5 二次熬煮

去除過多水分

[材料] 麥芽汁、鍋子

[作法] **1.** 熬煮過濾完的麥芽汁成濃縮液，讓多餘的水分蒸發。約熬煮 8 ～ 10 個小時，同樣需不停地攪拌。

2. 可用鍋鏟沿鍋緣向底部撈，再往上的方式來翻攪底部，避免底部燒焦。最完美的濃稠度，是舀起一勺麥芽糖液，糖液慢慢滴下，但最後在湯勺上會留下一滴糖液、卻不會滴下來的程度。

STEP6 裝瓶

將麥芽糖裝入罐子保存

[材料] 麥芽糖、玻璃罐、湯勺

[作法] **1.** 玻璃罐用熱水煮沸消毒後，瀝乾備用。

2. 趁熱將剛煮好的麥芽糖裝入罐子中。

麵包

距今三萬年前，在歐洲舊石器時代晚期的地層，就有麵包的前身「發酵糧食餅」的發現。麵包為歐洲國家主食，製作中不添加糖和油，因此口感較硬，以沾湯或醬汁的方式來食用，也多是當日新鮮採買。台灣麵包的口味偏日式，因添加較多的油與糖使麵團組織軟化、膨鬆，口感也較軟綿。不過現在有店家甚至會添加保鮮劑、改良劑等，造成食安問題。

STEP 1 養菌

製作天然酵母

[材料]300 克高筋麵粉、300c.c. 冷開水、葡萄乾、水果、窄口瓶

[作法] 運用天然酵母所製作的麵包，為自然的發酵狀態，口感會偏酸，只是酸的程度不同。若食用時感到酸，但吃完沒有胃酸、脹氣等消化不良負擔，則是酸種麵包的正常口感。若要口感不酸，最好備有恆溫效果的專業發酵箱，更要避免高溫天氣。養天然酵母菌，夏天需於製作麵包前 3 天開始養，冬天則需於前 5 天開始養：

・液種：第 1 天早上將 100 克高筋麵粉均勻混拌 100c.c. 冷開水，晚上再攪拌 1 次。如果時間允許，中午可再多攪拌 1 次。第 2、3 天早上，分別再加進 100 克高筋麵粉和 100c.c. 冷開水，也同樣早晚各攪拌 1 次，3 天後總容量為 1 台斤（300 克高筋麵粉加 300c.c. 冷開水）。

冬天因發酵較慢，可減少每天加入的麵粉和水量，每次約為 50 ～ 60 克高筋麵粉混拌 50 ～ 60c.c. 冷開水，然後將 3 天發酵時間延長至 5 天，總容量仍為 1 斤。

液種放置於窄口型的瓶子內，放上蓋子，不需旋緊。不要使用如保鮮盒的廣口容器，因接觸空氣的面積大，容易摻入雜菌。常溫存放於家中較少走動的區域，客廳、廚房都不適合放，同樣容易招致雜菌。觀察每天發酵的氣泡，若愈來愈旺盛，就表示酵母菌的活性好（養菌成功）。

・葡萄種：葡萄乾泡冷水至變軟，同樣連續 3 天如液種的作法，每天早上 100c.c. 葡萄汁液加 100 克高筋麵粉，重覆攪拌 2、3 次。

・水果種：同樣連續 3 天，每天早上水果擠汁 150c.c. 加 100 克高筋麵粉，每天重覆攪拌 2、3 次，或將新鮮水果切丁加入冷開水中養出菌種後，再將水加入麵粉中攪拌。

STEP2 發酵

一次發酵

［材料］1 公斤高筋麵粉、250 ～ 300 克天然酵母、15 ～ 20 克鹽、50 ～ 80 克糖、60 ～ 80 克油、650c.c. 冷開水、鋼盆

［作法］將所有材料放入鋼盆中混拌均勻至不黏手的程度；水量可依天然酵母溼潤的程度略為調整。

※ 無糖無油的歐式麵包，口感硬，但高糖高油的日式麵包口感則較為軟綿，考量口感與健康因素，我的配方屬折衷比例。

所有的比例都沒有一定，每個人都可以有自己的風味配方，例如麵粉可調整為 700 克高筋麵粉加 300 克低筋麵粉，或是添加煮熟的米飯，口感即類似較為溼潤的湯種麵包。若以牛奶取代水，則為牛奶麵包。

發酵時間則依品種、氣溫而有差異，一般而言約 3 ～ 4 小時即可。若氣溫較高，可用沾溼的棉布覆蓋在鋼盆上保溼。每次也可以留些許麵團，用保鮮盒存放於冰箱 1 ～ 2 週，作為下次發酵新麵種的老麵團，增添風味。

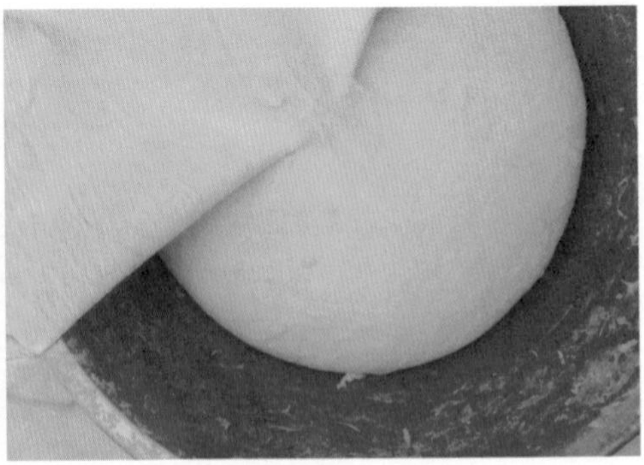

STEP3 成型

製作麵包樣式

[材料] 發酵麵團、老麵、餡料、切麵刀、微量秤、手粉、擀麵棍、烤盤、烤盤紙、保溫箱

[作法] 1. 用切麵刀取約 250 克麵團，快速搓、捏、揉整型為圓形狀。整型動作絕對要快，麵團若黏手，可沾些許手粉，但量不能多，以免在搓揉過程中，滲入麵團而影響口感。

・原型：圓形狀。

・橄欖型：以擀麵棍將麵團輕擀為長牛舌餅狀，長度可長一點以增加稍後捲收的次數，造型較為漂亮。在長牛舌餅狀的中間加入喜愛的餡料，如香椿醬，但要留邊作為收口用。餡料加入後，由上往下捲收，邊收邊壓兩邊的收口。若沒有收口，烘烤時會產生爆油的現象。

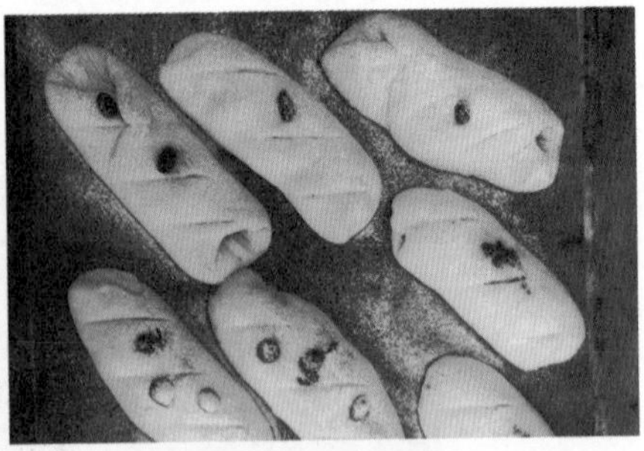

・藤籃型：麵團外可裹上堅果等喜愛的食材，再放入藤籃造型的碗中，可蓋上一塊溼布保持溼度。

2. 整型後的麵包放至烤盤，再將烤盤放入保溫箱（可使用塑膠箱、紙箱、或保麗龍箱）進行二次發酵。若冬天氣溫低，箱內可放些熱水來加強保溫。發酵時間依天氣溫度而有不同，約為半小時～ 3 小時。

STEP4 窯烤

烘烤麵包

［材料］麵包窯、木柴、棉質手套、麵包刀、麵粉、棉布、竹籃

［作法］1. 以木柴生火將麵包窯燒熱至 300 ～ 400℃。

※ 可使用電子溫度計或用手背測溫。別用手心測溫，手心感到過熱時，反射性的反應可能會是闔起手掌，容易抓火，造成燙傷。

2. 烘烤前，麵包再灑上些許麵粉裝飾，並於表面劃刀作為造型，這是「麵包師的簽名」。

3. 第 1 次烘烤的火候可能會較旺盛，容易造成過焦，焦黑的部分可用鋸齒麵包刀刮除。之後烘烤時，要注意適時添加柴火，以免溫度不足，尤其是底火部分。

4. 聞到麵包香時，將烤盤轉向再烤 2 分鐘即完成，一般共耗時約 10 ～ 15 分鐘。

5. 烤好的麵包可用棉布包裹住，利用餘溫讓麵包「後熟」。

※ 用棉質手套來拿取烤盤以免燙傷，但不可直接戴上手套與沾溼手套。如果溫度太高產生蒸汽，不但難以取下手套，更會造成燙傷。

窯烤 Pizza

Pizza 一詞最早是在中古拉丁文中出現。約在十八世紀，義大利那不勒斯的窮人將番茄加在一種發酵薄脆餅上食用。這種貧民間的普遍食物後來漸漸發展爲在薄脆餅上添加各種不同的調醬配料，也就成爲現今東西方、老少皆愛的披薩美食。另有一說法是馬可波羅將蒙古人吃的加肉餡餅帶回義大利，而後改良成現今 Pizza 的樣貌。不論是哪種說法，Pizza 的方便美味及多樣性，是它成爲世界潮流的主因。

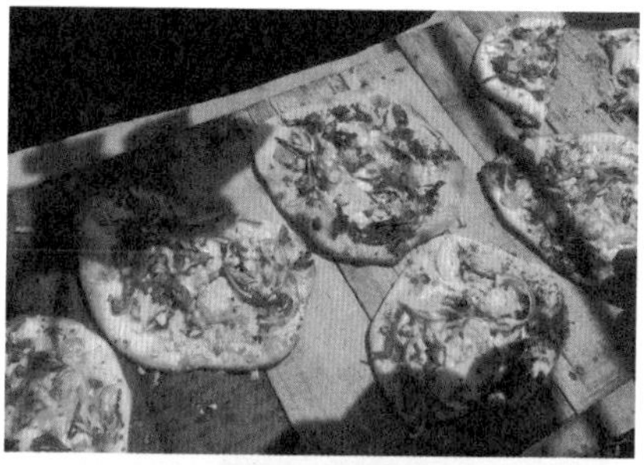

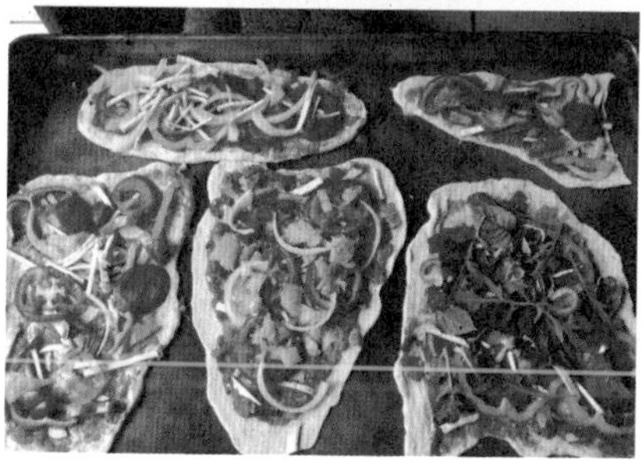

STEP 1 做麵皮

揉麵團做披薩皮

[材料] 1 公斤麵粉（5～8 人份）、600c.c. 冷開水、5 克商業酵母粉或 200 克天然酵母種、50 克油、鹽酌量、糖酌量、鋼盆

[作法] 1. 將 1 公斤麵粉加入 500c.c. 冷開水和酵母粉，揉製麵團。揉製過程中，依麵團的水分狀況適當添加 100c.c. 冷開水（例如天氣若較潮溼，就不需要再添加任何水）。

2. 加入 50 克的油，鹽、糖依口味習慣來添加後，繼續揉麵團。披薩的主味其實是來自於餡料，所以也可不加鹽或糖。

3. 一直揉麵團到三光程度（手光、盆光、麵團表面光滑）；當手和盆邊都不會沾到麵團時，表示麵團不會過溼、黏手，也就完成麵團的揉製。

4. 將鋼盆蓋上溼布以保持溼度，讓麵團醒半小時～ 1 小時。

STEP2 醬汁

製作紅醬

［材料］5 顆番茄（黑柿番茄較有風味）、6～8 顆大蒜、3～4 顆洋蔥、番茄醬、炒鍋、菜刀、砧板、冷開水、巴西利與羅勒葉少許

［作法］**1.** 番茄洗淨後用菜刀劃十字。

2. 水煮滾後，將番茄放入滾水中燙一下，再將番茄撈出，剝掉燙開的外皮後放涼備用。

3. 將番茄、大蒜、洋蔥等切細丁，巴西利、羅勒葉切成細末。

4. 熱油鍋後，先將大蒜入鍋爆香，再放入洋蔥丁，用小火拌炒大約 20 分鐘。等洋蔥變成黃褐色、散發出甜味後，再放入番茄丁拌炒，並加入半瓶番茄醬和 100c.c. 的水，注意要持續拌炒，不要焦鍋。

5. 約 20 分鐘後，加入巴西利、羅勒葉末，增添香氣。等水收乾成濃稠狀即可起鍋備用。

STEP3 配料

切蔬菜食材

[材料]2 顆洋蔥、2 顆青椒、1 顆黃椒、1 顆紅椒、牛番茄 2 ～ 3 顆、1 顆鳳梨、少許芝麻葉或羅勒葉

[作法] 1. 將洋蔥、青椒、黃椒、紅椒切成環狀細絲。洋蔥不能切太厚，會有辛辣味。

2. 將番茄、鳳梨切薄片，越薄越好。

STEP4 麵皮

將麵團擀平成麵皮

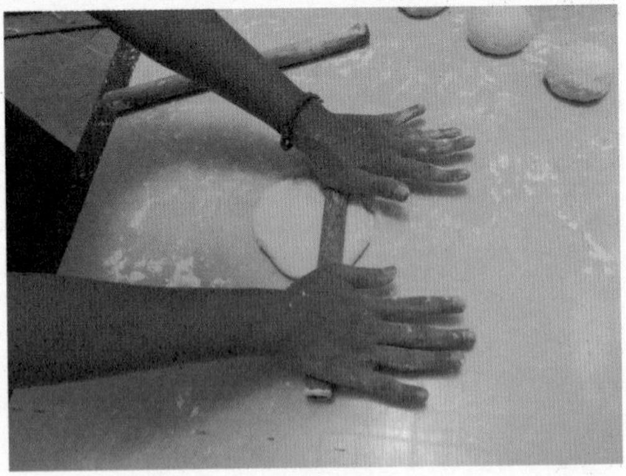

[材料] 發酵好的麵團、切麵刀、叉子、擀麵棍、微量秤、紅醬汁、蔬菜食材、適量絲狀起司、烤盤、烤盤紙

[作法] 1. 用切麵刀取 120 ～ 150 克麵團，再用擀麵棍將麵團擀平到透亮。好吃的披薩是薄皮口感，更能品嚐到食材的原味。

2. 用叉子在麵皮戳出許多小洞後塗抹少許番茄醬汁，再鋪上準備好的蔬菜食材，最後灑上一層起司絲。注意食材厚度不要超過 1 ～ 2 公分，堆成小山狀更是大忌，因為會造成麵皮內部不易烤熟。

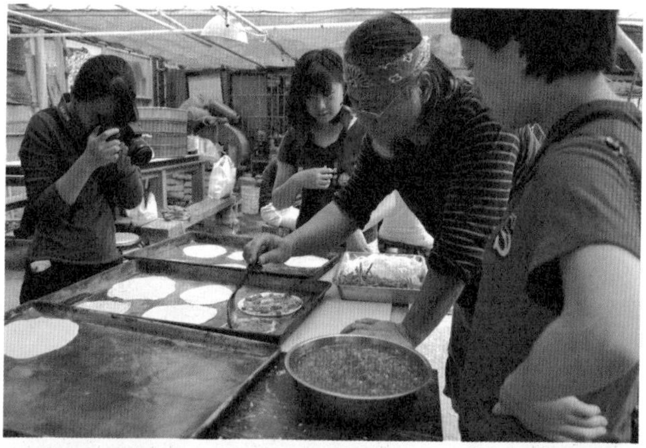

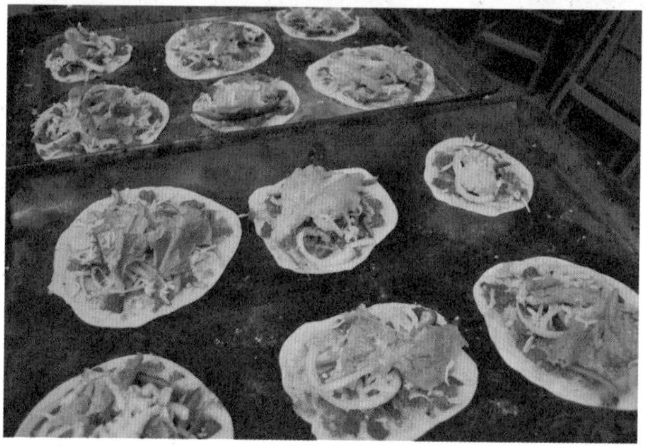

※ 野蔓園獨家口味：若想嘗試甜味披薩，可在麵皮上塗抹拌入薑末的蜂蜜，再鋪上香蕉片，就是一道美味的甜點了。

STEP5 窯烤

烘烤披薩

[材料] 麵包窯、木柴、棉質手套、盤子

[作法] 1. 以木柴生火將麵包窯燒熱至 300 ～ 400℃。

2. 每盤入窯烘烤約 3 ～ 5 分鐘，即可享用美味又低食物里程的窯烤披薩。

樸門永續元素：能源

「樸門」的起源是著眼於調適能源衰退的時代，並在有限資源中來實踐永續循環的目標。石化能源的價格便宜，使得人們缺乏對它的重視，更沒有思考過環境所付出的成本，因而造成輕易浪費能源的習慣。

野蔓園一開始也是用瓦斯，但一年的瓦斯費用竟達一～二萬元，所以我開始設計麵包窯或火箭爐來作爲替代能源，來到野蔓園的換工，可得自己劈柴燒熱水洗澡呢。使用自然的能源，不僅節省了金錢的支出，對環境

以火箭爐來作為替代能源，省能又兼具經濟效益。

也更友善。

早期台灣南部在果樹修枝後，會產生大量的廢樹枝，原本是當做垃圾清理掉，卻在窯烤披薩的飲食文化興起後，廢樹枝、廢木柴的需求量提高。供需失衡下，廢樹枝、廢木柴的售價竟也順勢攀高。

柴火的運用可以減少非再生能源的消耗，同時善用在地可自我再生的能源。除了果樹殘枝，颱風過後行道樹斷落的樹枝、海邊漂流木也可以取得木柴。木柴撿拾回來後，須放置三～六個月乾燥。一般來說，各種樹種都可用來作爲柴火，但榕樹因樹汁液含有膠質，容易產生煙，就比較不適合用。

柴火的功能不僅於此。燃燒後的灰燼是天然洗潔精，也可做草木灰豆腐和草木灰肥皂，更是菜園中的鉀肥好料，並消除土壤中的線蟲，是非常好的天然驅蟲物。但也要注意因爲含鹼性成分過多，會傷害到蚯蚓。從柴薪到灰燼的自然循環，在沒有電的時代，前人就是如此善用資源。

而一般人對於「煙」其實也有所誤解。石化能源所產生的黑煙是因機械問題或燃燒效率不佳，導致燃燒不完全，煙裡面因爲含有碳氫化合物和化學添加物（如鉛、硫），所以變成對環境、人體不好的黑煙。木柴所產生的白煙，是含有水氣的自然排放氣體。若燒木柴產生黑煙，那也是木柴中碳元素燃燒不完全的結果。

●麵包窯

麵包窯的使用最早可追溯到羅馬帝國時期，因此又稱「羅馬窯」，是中世紀歐洲廣泛使用的烘焙器具。當時是屬於政府所持有的公衆服務設施，或是窯爐建造者以收費的方式來提供大衆使用，主要用來烘焙手工麵包和麵餅。以黏土、細沙、乾草、石頭、水等就地取材所製作的窯烤爐來烘焙麵包或披薩，是最能整合樸門六項永續生活元素的代表：社群與人（共同手作）、植物（小麥與蔬菜的自給自足）、土壤（建材）、水（建材、食材）、動物（如起司）、能源（柴火）。麵包窯除了烤麵包或披薩、烘茶葉或水果乾，設計在室內的麵包窯，就是冬天的暖爐了。如果麵包窯設計在溫室裡，燃燒所產生的二氧化碳，正好提供植物進行光合作用，也可提高溫室的溫度。

我從二〇〇五年開始推廣樸門，並帶動窯烤麵包與Pizza的風潮，出發點就是希望藉由手作實踐樸門設計的理念，以及整合資源的運用，這些都要融入生活中才可能持續。很多人找我做麵包窯或開課，我通常都要先問「你爲什麼要做麵包窯？」如果只是因爲流行窯烤披薩，一時興起，不用多久時間，這座麵包窯往往都會變成一座裝飾用的廢棄物，造成了浪費。而有麵包窯也不代表就是樸門的實踐，還要同時包含其他永續元素的結合。

麵包窯體製成

這是我帶領新北市新莊區福營國中的師生一起蓋「幸福窯」的過程。

STEP 1

將黏土、砂土與稻草混合在一起，製作土團（Cob）。

STEP 2

用沙子塑造出窯內空間的形狀，堆好後灑水固定。

STEP3

在土團上先覆蓋報紙避免挖出沙子時影響窯體，之後再覆滿土團。

STEP4

第一層土團用手指戳洞，形成氣室後，再覆上第二層土團。

3 茶

茶樹屬山茶科山茶屬植物，原本型態是多年生的喬木，後來人工栽培改良成我們現今常見的矮型灌木。茶樹喜歡溫暖潮溼的氣候，耐陰、喜弱光，一般是在冬、春之交種植，適宜種在多雲霧、溼度高、排水良好的地區，在台灣多是種在高山與丘陵地。它可以用種子繁殖，但若要保留優良的性狀，也可以運用高空壓條、扦插等方式無性繁殖，通常一叢可以種三~五株，每一叢距離三十~五十公分。野生的茶樹年齡可高達數百年以上，約種三年後可以開始少量採收，十年就可達盛產期，三十~四十年老化，可以從基部砍掉後讓它重新生長。它的種子可以榨油，木質堅

石碇屬於文山茶區，主要生產文山包種茶及東方美人茶。

硬可用於雕刻，茶葉則可以乾燥後製茶飲用。

一般對於茶的認識，就是紅茶和綠茶的分類。紅茶和綠茶的不同在於發酵程度：紅茶爲一〇〇％全發酵，依溫度和溼度的不同，發酵時間爲三～五天；綠茶爲五〇％半發酵，又依發酵時間分爲中發酵、輕發酵。中發酵時間約爲一～二天，如凍頂烏龍、東方美人；輕發酵時間約爲數小時至一天。

我在野蔓園種的台農十七號包種茶，就屬半發酵綠茶中的輕發酵，這種茶類盛產於台灣北部，是適合冷泡茶的茶種，其中文山地區所產製的品質最優、香氣最佳，因此皆以文山包種茶來統稱。由於喜歡上這個冷泡茶的風味，我也開始介紹許多愛喝茶的學生，不妨就自己試著在家種些台農十七號的茶盆栽。

茶類	發酵程度		發酵時間
紅茶	100% 全發酵		3～5 天
綠茶	50% 半發酵	中發酵	1～2 天
		輕發酵	2、3 小時～1 天

手作的文化

「開門七件事，柴米油鹽醬醋茶」，此中國源遠流傳的俗語中，即道出了茶在生活中的重要性，而茶也確實是源於中國。

依陸羽《茶經》：「茶之爲飲，發乎神農氏，聞於魯周公。」可推測神農發現了茶葉。《神農本草經》：「神農嘗百草，日遇七十二毒，得茶而解之。」相傳神農在遍嚐百草之後，因感到不適，在樹下休息時，看到一種開著白花的植物，就摘下其嫩葉來吃，竟治好身體不適的症狀，此種植物即是茶葉。另據《中國風俗史》：「茶發明於殷周時，周人多用之者。」神農將茶作爲藥物，到了殷周時，則逐漸發展爲日常飲料。

台灣多丘陵，氣候適宜種茶，烏龍茶更是享譽國際。通常在正式的場合中，人們會以茶來招待客人。近來因對健康飲食的注重，茶成爲日常飯後去油解膩的良方，各式手搖茶、消脂茶等成

爲人手一瓶的飲料。不過這些飲料所使用的茶葉多半是國外進口，若能夠自己栽種茶樹，或是支持台灣在地的茶農，食物里程較低，對環境將更加友善。

節氣飲食

節氣——春分

春分是二十四節氣中的第四個節氣，約是國曆三月二十日～二十二日之間，指春天已經過了一半，這一天太陽剛好照在赤道上面，因此白天與晚上時間皆是十二小時，而人體也要保持陰陽平衡，心情保持平和愉悅。飲食方面忌偏寒、偏熱，若在食用偏寒涼性的蔬菜時，可酌量佐薑料理，以平衡屬性。茶有多方面的保健功效，不管是綠茶或紅茶，皆含有豐富的兒茶素，具抗氧化與抑制病菌的功能，同時可以減低血脂、血糖與血壓，是日常保健的優良茶飲。不過綠茶屬寒，在春天宜喝烏龍茶（不寒不熱）與紅茶（性暖），有助於強健脾胃功能。

手作的祕訣

冷泡茶

一天我到朋友家作客，一杯冷泡茶讓我的味蕾大大驚豔，也讓我這個原本不喝咖啡、不喝茶的人，希望能透過在都市裡可行的方法，讓每個人種出自己所需的飲品，得到實踐樸門綠生活的好處。

我請教朋友這個冷泡茶怎麼會如此好喝的原因，沒想到泡茶方法簡單得讓我意外。原來就只是放幾片我自己種的文山包種茶葉在冷開水中泡開後，再置放一夜。想喝時，就隨時斟上這樣一杯自然簡單的健康茶飲。無須講究泡茶規矩，就可享受這樣簡單的幸福。有人說隔夜茶傷身，但這類的輕發酵茶，則不用擔心。

STEP1 採茶

採茶季節，每日採茶，以上午為佳

［材料］竹籃

［作法］採茶季節來臨時，需每日採收新鮮茶葉。採茶時，摘下一心二葉，一心是中間剛長出的新芽，二葉是新芽旁的兩片嫩葉。然而太嫩或太小的葉片先不要摘取，讓它再多生長幾日。

STEP2 萎凋

融解葉面蠟質

［材料］茶葉、竹籃

［作法］1. 將採收回來的茶葉放置數小時，早上8點～10點、下午4點～6點的日照和溫度時間較適合。

2. 萎凋過程中，葉面的蠟會慢慢融解，並釋放出茶葉的香氣。萎凋時間若不足，之後進行揉捻時，茶葉容易破損，茶相不佳；萎凋時間太久，則會產生太多的汁液損失不利發酵。

STEP3 揉捻

發揮發酵作用

[**材料**] 茶葉、竹籃
[**作法**] **1.** 雙手輕輕揉搓茶葉，讓茶葉接觸到空氣，產生發酵作用。

2. 揉搓過程中，團揉全部的茶葉，包種茶最後會成形為條索狀，屬於條狀茶，故多稱「文山條仔」，而烏龍茶則是捏成球狀，最後的成形屬球狀茶。

※ 依茶葉的製成形，可分為條狀茶、針狀茶、球狀茶、劍片狀茶、碎塊茶、切碎茶、碎角茶、螺旋狀茶、螺肉型茶、粉狀茶等。

STEP4 發酵

靜置發酵

[**材料**] 茶葉、竹籃、濾布
[**作法**] 用濾布包覆茶葉，靜置一晚。

STEP5 烘焙

停止發酵

[材料] 茶葉、烤盤、麵包窯（自家可用烤箱）

[作法] 1. 將茶葉鋪放在烤盤，放進麵包窯中，用剛烘烤完麵包的餘溫，溫和烘烤茶葉 3 小時。家用小烤箱可用低溫或 90 ～ 100 度烘烤 10 ～ 60 分鐘。

2. 密封窯口和所有開口處，讓溫度保留在窯內。

3. 烘烤後的茶葉存放在收納袋和陰乾處，想泡杯茶時，隨時取些茶葉放入冷水中泡開，再放入冰箱，就是好喝的冷泡茶。

※ 烘烤後的茶葉會乾一點，可放置兩天使其回潤，口感會更佳。

4. 若茶葉受潮，可重新烘烤，就可再存放和食用。

STEP6 冷泡

[材料] 茶葉、杯子

[作法] 將茶葉放入杯中，並沖入冷開水後靜置一晚，就是充滿清香的冷泡茶了。

4 桑葚

桑的型態是多年生、落葉型的灌木或小喬木，常見於中、低海拔、陽光充足的地方。大約三~五公尺高，枝幹上有黃褐色的皮孔可以交換氣體。它的花期約是在一~二月，三~四月可以採收，果實爲聚合果，顏色由淺綠色轉爲深紫紅色、紫黑色時表示成熟可以採收了，味道酸酸甜甜。桑葚因皮薄、保存不易，在採摘時容易因碰撞就爛果，因此力道要特別輕柔。同時一採收要馬上處理，不然就要放冰箱冷凍保存，避免孳生果蠅。

桑樹是雌雄異株，在開花之前很難判斷到底種到的是公株還是母株。因爲只有母株會結桑葚（採收完果實後可做大規模的修剪，促進新的枝條再生），所以我都將公株砍下來當柴薪。它的再生能力非常強，過不了幾個月，又會再長出茂盛的枝幹，是可以永續利用的樹種。或者也可以改將母桑樹的花芽嫁接在公桑樹上。

十幾年前，我要在野蔓園規劃食物森林時，第一批種植的植物群中，就有桑樹。主要是考量桑樹的成長快速，可以在短時間內有收益，且人力照顧需求低。當時我花了二小時，種了約十棵桑樹（長果桑、小葉桑、大果桑等品種），沒想到這十棵桑樹，每年為我帶來近三萬元的產值。有學生問我，怎麼不種個一百棵桑樹，這樣就有十倍的收入啦！

這就是樸門設計的重點——目標導向，同一個功能由多樣元素來滿足。我的收入來源是多方面的，避免將雞蛋放在同一個籃子裡產生風險。特別是在氣候異常的情況下，很多農作物都難免因急降雨、高低溫等狀況而歉收，如果只依賴單一種作物的收入，容易使得農場的經濟情況陷入危機。此外，種植一百棵桑樹的代價是降低植栽種類的多樣性，每天要花更多時間照顧，採收時節甚至要付費請人幫忙，而當生活變成工作時，就一定不會長久。

手作的文化

說到桑，第一個湧現腦海的連結就是兒時摘桑葉飼養蠶寶寶的回憶。閩南語稱蠶為「娘仔（niû-á）」，因而桑樹又叫做「娘仔樹」。中國是世界上最早種桑養蠶的國家，蠶桑產業的歷史可追溯至四千多年以前。絲是蠶吐出的蛋白質纖維，由蠶絲製成的絲綢輕柔有光澤，是稀有的高級奢侈布料。古時只有皇宮貴族才有穿戴的權力，甚至成爲一種貨幣單位，爲中國帶來龐大的財富。在西漢時期，中國人更開闢了絲綢之路，與西方各國進行貿易，爲全世界掀起絲綢的風潮。

從養蠶到製絲、紡織等，是由許多百姓家庭的投入，才能支撐起這樣一個高端的市場。爲了養蠶取絲，加上桑樹的生長需求低，適應力極強，桑樹因此被廣泛地種植，人們對它的利用價值也較爲嫻熟。《詩經．小雅．小弁》裡記載：「維桑與梓，必恭敬止。靡瞻匪父，靡依匪母。」將「桑梓」借代爲「家鄉」，便足以見得桑與人們日常生活緊密相關的程度。

除了是絲綢產業的根本，桑樹也是台灣排灣族經常使用的民俗植物，不管是在巫師進行祭儀或是治療，都會用桑葉來盛放祭祀物品（小米、豬肉等）。根據老一輩的說法，五年的桑樹枝幹可以製作拐杖，

野蔓園有三種桑葚品種，小葉桑、長果桑、一般加工用的大果桑，符合樸門的多樣性種植。

十年的做弓箭，十五年的做車軸，二十年的可做牛鞍、馬鞍。達悟族人稱桑為「樹中之聖」，因其建造拼板舟及房屋時，桑木是很重要的建材；而桑樹皮、樹根的內皮纖維則是用來製作紙張的原料，古代甚至利用其纖維做成外科縫線。

節氣飲食

節氣——清明

清明是二十四節氣中的第五個節氣，約是國曆四月四日~六日之間，取天清地明、草木繁茂之意。這一段時間，東南風帶來溫暖的水氣，萬物蓬勃生長，適合耕種作物，同時也可以鍛鍊筋骨，讓陽氣通暢，對身體保健與促進食慾有很大的助益。

清明時節人體的肝氣正旺，影響脾胃功能，飲食宜溫、多食用當令的蔬菜水果。桑葚可以加工製成果醬、桑葚酒、桑葚醋，具有補肝益腎、通血氣、促進胃液分泌等功效，尤其適合女性（我自己也有兩個女兒，因而常給她們食用桑葚）。對於中老年人，更是有抗老養身的功效。

STEP 1 採收

摘採桑葚：桑葚季節，每日採取

［材料］竹籃

［作法］1. 每年 3～5 月為桑葚成熟的季節，每日上、下午，約用 30～40 分鐘來採收紅紫偏黑色的成熟桑葚，冷凍保存到一定的量後，再一起製醬。

2. 輕輕清洗桑葚，去除落葉與雜質，並挑出不良的桑葚。綠色蒂頭可以不用去掉。

STEP 2 熬煮

讓桑葚出汁

［材料］10 斤桑葚、6～8 斤原色冰糖、1～2 斤麥芽糖

［作法］1. 在爐火上不停地拌攪桑葚，當桑葚開始出汁時，再加入冰糖。

2. 持續拌攪，當冰糖完全融解、桑葚汁液變得黏稠時，再加入麥芽糖，以增加黏稠度。可取一些汁液滴入水中，若汁液無法輕易散開，表示黏稠度已足夠，此時即可裝瓶。

STEP3 消毒

清洗玻璃罐

[材料] 玻璃罐

[作法] 將玻璃罐清洗乾淨，再放入熱水中煮沸 5 分鐘消毒後，放涼備用。

STEP4 裝瓶

填裝桑葚果醬

[材料] 桑葚果醬、玻璃罐

[作法] 將桑葚果醬裝約 9 分滿後，旋緊蓋子放入冷水裡降溫，形成近真空狀態可以延長保存時間，或是放入冰箱中保存。開封後，請儘早食用完畢。

隱藏版

脆梅

樸門的種植是一種可食地景與食物森林的實踐，希望發展出更多樣化的農圃景觀。

二〇〇五年，我開始種植梅樹，現在每到農曆十二～一月間梅花就會盛開，非常美麗。桑葚、梅子都是在清明節氣時收成，也可結合在一起舉辦桑梅祭的活動，增加活動與收入來源的多樣性。不過，當時種了三年的梅子樹，一直沒有結果，我一度以為是不是種到公樹。後來才知道梅子樹得長十年，才能開始豐收。第五年後，已經開始有小小的收成。只是要摘得到梅子，還得眼睛放得雪亮，因為此時採收的五分熟青色梅子，掩藏在綠葉之中，不易尋得。

五分熟的青梅，正是醃製脆梅的好滋味，七、八分熟的黃梅，則適合作為Q梅、紫蘇梅，八、九分熟的可做梅酒、梅醋。

STEP1 採梅

STEP2 去蒂

STEP3

用鹽巴搓揉梅子殺青，放置 15 ～ 20 分鐘後倒掉苦水，如此重覆 2 次，可去除青澀的苦味。

STEP 4

用木槌頭輕輕敲破梅子，讓醃製更入味。

STEP 5

用冷開水洗淨梅子後，將梅子放入玻璃罐中。不要放滿，因為梅子醃製後會膨脹。

STEP 6

加入糖水，糖水比例為 200 克水加 40 ～ 50 克糖（口感較甜，可依口味增減），放置一天後，倒掉糖水。

STEP 7

重加新的糖水，醃製兩天後，倒掉糖水，就是爽口的脆梅滋味。這次的糖水可以留起來加水稀釋即成梅子果汁；梅子不要泡在糖水裡過久，否則梅子會變得過爛。

5 香椿

香椿是楝科香椿屬植物，落葉性多年生喬木，葉爲偶數羽狀複葉。對日照與土壤的適應力強。在台灣中、低海拔山區，以及一般庭園中多有栽培，可用種子繁殖，不過我較常採用扦插的方式繁殖它，不僅速度較快，也可保留母株的優良性狀。春季扦插的存活率與根系的發育程度較好。全株高度可達五～十公尺，但爲了方便採收通常會截剪樹幹使其矮化，樹幹剪斷處會再萌生更多側枝，產量也較多。

被稱爲「樹上食蔬」的香椿，是少數可以用樹葉來做菜的植物之一。它的嫩芽是紅褐色，具有濃厚的氣味，可以與味道清淡的食材搭配（如豆腐、竹筍）料理。從春天開始冒芽至秋天落葉前都是香椿的採收期。夏季會開白色的花，種子有翅，成熟的蒴果形狀優美可以作爲花材。聯合國亞洲蔬菜中心曾做過研究，因其含有大量酚類化合物，抗氧化功能在一百五十

種蔬菜中高居第一名，營養極爲豐富，堪稱蔬菜中的蔬菜。

手作的文化

秦漢時代已有香椿的相關記載，是源於中國的古老植物。漢朝詩句「椿萱並茂」，椿指香椿，也是對父親的尊稱，表示長壽；萱爲萱草，象徵忘憂，也是對母親的尊稱，整句用來比喻父母健在。

傳說的天下第一菜，是以鍋粑炒飯，香椿炒雞蛋則號稱爲天下第二菜。長江、黃河流域曾廣泛種植香椿，明代《群芳譜》：「葉自發芽，及嫩時，皆甘甜，生熟鹽醃，皆可茹，世皆尙之」說明當時食用香椿的方法。山東地區所種植的神頭香椿，還用來作爲朝廷貢品。先秦古籍《山海經》中，也記載著「成侯之山，其上多櫄木」，櫄即椿樹，顯示當時在生活上已有利用椿樹木柴，香椿樹木也可用來製作家具、造船，以及作爲建築材料。

節氣飲食

節氣——穀雨

穀雨是二十四節氣中的第六個節氣，約是國曆四月二十日～二十一日之間，指雨水增多，有利於穀物生長。由於空氣中的溼度大，要保持身體溫暖。「雨前椿芽嫩如絲，雨後椿芽如木質」，清明到穀雨這段期間冒出的香椿芽，口感最細嫩，幾乎吃不出纖維。此時可多進食有驅風利溼、舒活筋骨、補血益氣、改善食慾不振等功效的香椿。老葉與撕下葉子的香椿莖枝可以晒乾泡茶，對改善便祕相當有效用。

手作的祕訣

香椿醬

香椿的氣味獨特，可用來替代青蔥，也能仿照青醬的作法，加入堅果製成香椿醬，煎炒拌沾皆宜，還可入餡料。

STEP 1 清洗

將香椿葉清洗乾淨

[材料] 香椿葉、竹篩或棉繩、鍋子

[作法] 1. 將摘下的香椿葉洗淨後，攤放在竹篩上陰乾，或是用棉繩綁成束吊掛起來。乾燥後要立即處理，否則葉子枯萎將影響口感。

※ 選用發芽初期的嫩芽或是現採的新鮮香椿，此時的亞硝酸鹽含量較低，但存放越久會越高，所以還是儘快食用完畢。

2. 輕捏住葉梗，撕下羽葉，只留下羽葉的葉脈。

※ 可以與家人或朋友一起撕葉片，邊撕邊聊天，比較不會覺得枯燥。

STEP2 切碎

將香椿葉切成細末

[材料] 香椿葉、砧板、菜刀

[作法] 將葉片切到極為細碎，近似粉末狀。

※ 不用果汁機的原因是機器刀片快速將葉片打碎，破壞葉片細胞的程度較高，也會較快變黃（氧化）。

STEP3 裝瓶

將香椿葉末裝入瓶中

[材料] 香椿碎末、湯匙、玻璃罐、鹽巴、橄欖油、微量秤

[作法] 1. 依香椿碎末的重量，均勻拌入 3 ～ 5% 的鹽巴。

2. 分層裝罐：先放入一湯匙的香椿碎末，並稍稍壓到緊實，再倒入些許橄欖油，靜置幾秒，讓香椿吸入橄欖油後，再新加一湯匙的香椿，如此重複到整罐裝滿。這樣分層的漸進式裝罐，可讓香椿更均勻、充分地吸收到油分。香椿若沒壓實，空隙過鬆，油量會過多；若壓得太緊實，油不容易下滲，底層的香椿又會較乾。

3. 放置冰箱 2 ～ 3 天使其入味後，就可以享用了。用來塗抹麵包或拌麵都非常美味。若要增添風味，還可加入炒過的堅果（如腰果），味道會更香喔！

隱藏版

養生整腸茶

我母親有習慣性便祕，年紀大了更是不方便，常利用有機店賣的黑麥汁來幫助腸胃蠕動。有一次我不經意地讓煮好的養生茶放了隔夜，沒想到經過輕度的自然發酵後，母親喝了第二天竟排便順暢，非常開心地問我還有沒有養生茶。我這才發現原來養生茶還具有整腸的功能，因而成為好友間流傳的祕方。

作法：取香椿葉、大花咸豐草乾品與車前草、魚腥草鮮品各少許，一起熬煮二千毫升的水，煮開之後，用小火熬煮二十分鐘，放置一晚即可。冬天可熱飲。

香椿

魚腥草

車前草

6 大豆

大豆是一年生草本豆科植物的統稱，喜歡溫暖、日照充足的環境。對水分的要求則在不同生長階段而有所差異，在開花期特別需要充足的水分。其種子含有豐富的蛋白質與碳水化合物，根部有根瘤菌共生，可以將空氣中的氮氣轉爲氨供植物吸收，是樸門設計師經常用來改良土壤的伴護植物。它的種皮薄、容易吸收水氣，一旦受潮，子葉即會開始膨脹、發芽，若沒有及時播種會發酵軟爛。播種後約三十~五十天開花、結豆莢，待葉子枯黃掉落、豆莢轉爲黃褐色時即可採收（此時最忌諱下雨）。採收後將豆子日晒乾燥至水分含量約十二%左右才能夠長期保存（用牙齒咬可隨即斷裂的程度）。至於豆子是否要篩選則看使用需求而定，若是要當作綠肥就無須篩選。

大豆又可依據種皮的顏色區分爲黃豆與黑豆。台灣東部和南部的氣候適合生產黃豆，特

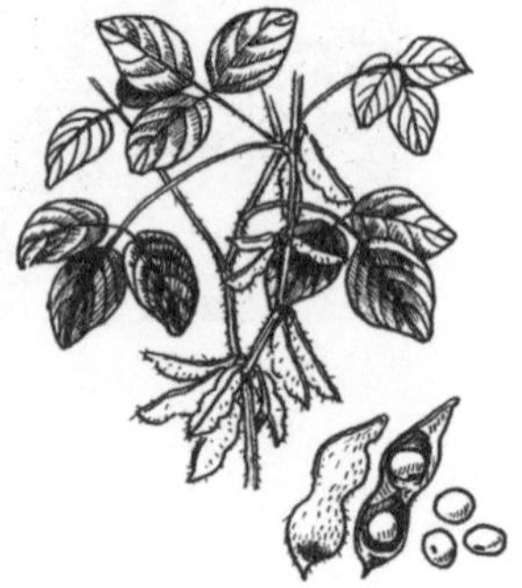

別是較乾燥的沙土，越貧瘠的土它長得越好。我原先是在野蔓園種植來自花蓮羅山村的黃豆，長得非常好，植株高達九十～一百公分，但就是不開花。後來問老農才知道，原來是因爲我的土地肥沃，反而不易開花結豆莢；而適宜用來製作豆腐的黃豆是蛋白質含量四十％以上的黃豆，做出來的豆腐會比較香。

黑豆又可分爲兩種常見的品種：「黃仁黑豆」與「青仁黑豆」。黃仁黑豆的蛋白質含量比較多，傳統古早味的醬油是以黃仁黑豆爲原料；而青仁黑豆的營養與藥用價值較高，可以浸酒入藥，或製成黑豆茶、黑豆漿。黑豆的蛋白質含量是肉類的二倍、牛奶的十二倍，有「植物蛋白肉」之稱。深黑色的種皮富含花青素，是優良的抗氧化劑，能消除人體內的自由基。

黃豆植株。

手作的文化

西周《周禮》中記載著魚醬、卵醬、芍藥醬、菜醬、果醬等「百醬」，意指用食鹽製成保存食物的調味品，並發現草木之屬都可製醬，而醬油就是從醬演變而來。當時人們對醬和醬油的性質並不瞭解，只是發現醬放久後，表面會滲出一層汁，而在品嚐後，發現醬汁的味道很可口，因此將製醬工藝改良來釀製醬汁。

最初的醬，與醢（ㄏㄞˇ）同義，是指將肉剁成肉泥再發酵生成的油，亦即肉醬油。肉醬油原屬奢侈品，是中國古代貴族使用的調味料，因一般百姓很難吃到肉，所以也很難製醢。西元七五五年隨佛教僧侶之傳播，醬的製法才遍及日本、韓國與東南亞等地。原本使用動物性蛋白質，如牛、羊、魚蝦肉等釀製的醬油，流傳至民間後，發現大豆可釀製出相似的風味，且更爲便宜，因此逐漸以豆類和穀物等植物性蛋白質來取代肉醬的釀製，這也是台語稱醬油爲「豆油」的原因。

這十年來，我力行以蔬食爲主要的飲食型態。很多人吃素是爲了養生，但其實吃素對環境也有很大的助益。因為畜牧業不僅大量砍伐雨林栽種飼料作物，動物排泄物產生的甲烷更是占了溫室氣體的三分之一以上，若能減少攝取肉類改吃蔬食，將可以從消費端改變生產端。此外，比起食用肉類，直接吃植物的能源轉化效率更高。因此我希望大家減少吃肉，從現在開始改變飲食型態。然而，身體仍需要蛋白質來維持正常運作，而豆類就是絕佳的植物性蛋白質來源。

節氣飲食

節氣——立夏

立夏是二十四節氣中的第七個節氣，約是國曆五月五日~六日之間，是標誌夏天開始的日子，溫度逐漸上升，是植物的生長階段。剛好時逢大人小孩吃粽子的端午節，因此民間也有「不過端午、不收冬衣」的生活習慣。此時人體的陽氣漸長、陰氣漸弱，要注意心臟的保養，飲食宜清淡。此時可減低油脂的攝取、多進食蔬果、以及易消化、能補腎健脾、清熱解毒的豆腐。

由於醬油發酵需要高溫來營造合適微生菌生長的環境，日照短的北部更是要過了端午，才比較適合製作醬油；南部由於日照長，一般會提早一個月左右製作。因此醬油的黃金釀造時機，是由天候來決定，爲最典型的節氣加工食品。

手作的祕訣

蔭油

簡單地說，醬油的製作是藉由微生菌的發酵作用，將蛋白質與澱粉分解爲胺基酸、醣類、酯類等各類物質，不僅易於人體吸收，也創造了各種迷人的風味。

而醬油和蔭油的差別是什麼呢？早期屏東車城、枋寮一帶能生產黑豆，鄭領時期流傳下來的古早味醬油便是以黑豆爲主要原料。後來日本人因口味習慣的差異而推行以黃豆、小麥爲原料的豆麥醬油，慢慢地人們以「蔭油」來與豆麥醬油做區分。「蔭」意指遮蔽，與黑豆醬油的製作過程中需下缸釀造、封缸曝晒等手續有關，便以此爲稱呼。

蔭油的作法又可分爲乾式與溼式兩種。本書介紹的是北部較常採用的溼式法，藉由水分加速蛋白質的分解，因此含氮量多。不過因為氣候的關係，至少需要一百八十天以上的陳釀才夠風味，這也是多數人覺得困難的地方。南部因日照穩定，可採用乾式法，混合均勻的海鹽與黑豆直接入缸發酵，運用豆子本身的重量讓豆子出汁，雖然產量少但香氣濃厚，釀一百二十天即可。

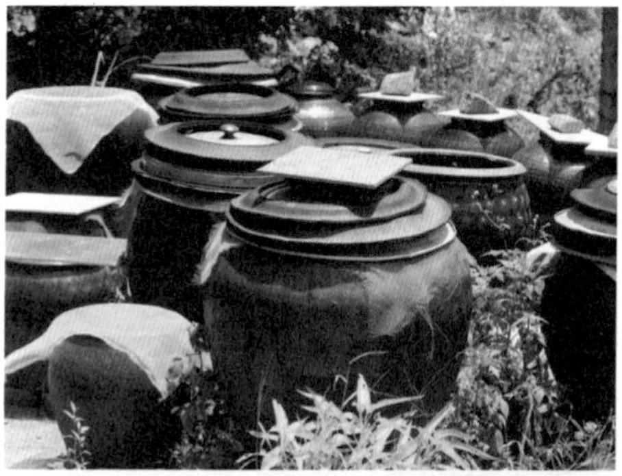

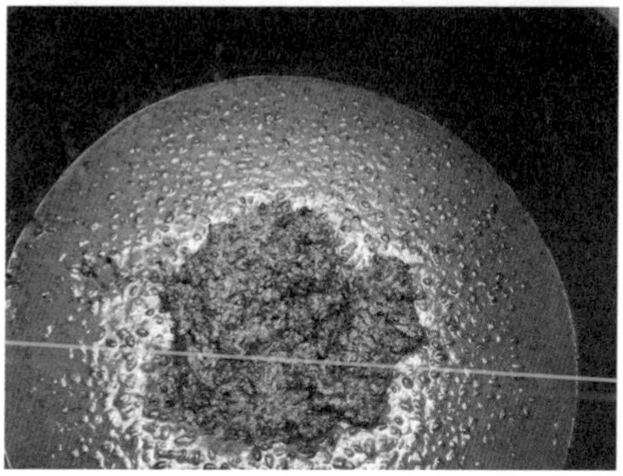

STEP1 洗豆

將黑豆洗淨泡軟

［材料］10 斤黑豆、大鍋子

［作法］1. 將黃仁黑豆的雜質用清水沖洗乾淨。

2. 若為當年 4、5 月間採收的新豆，因含水量較高，浸泡 4 ～ 6 個小時即可，泡久過於軟透會導致不易煮熟。若是已採收一、兩年的陳豆，則須浸泡 6 ～ 8 個小時，陳豆的釀造風味較佳。

3. 在傍晚、睡前、次日清晨時換水。若分量較多，無法換掉整桶水，也要撈除表面雜質，再回補水量。

STEP2 煮豆、晒豆

黑豆煮熟，破壞胺基酸的分子鏈

［材料］10 斤黑豆、紗門或紗窗、無孔平底竹篩、飯匙

［作法］1. 烹煮黑豆 4 ～ 6 個小時（新豆 4 小時即可，約為水滾後再小火滾煮 2 ～ 3 個小時），煮到輕輕一捏豆子即破的程度後濾去水分。

2. 將煮熟的黑豆平均鋪在紗網上，晒乾至輕抓起一把黑豆放開後不沾手的乾度。日晒過程中，須適時用飯匙將黑豆翻面，避免乾溼度不均。若陽光充足，約 30 ～ 40 分鐘即可。

3. 晒好後再將黑豆平均鋪放在平底的竹篩上面，盡量避免豆子重疊。

4. 鍋中剩下的豆汁即是滋補身體的黑豆茶，可以加水稀釋後飲用。

※ 若黑豆曝晒過乾，接菌的時間會較長；若曝晒不足，黑豆仍太溼，則易產生如阿摩尼亞的發霉味，不僅影響風味，也容易招來蒼蠅。

STEP3 接菌

在黑豆上培養出發酵活菌

[材料] 埔姜葉或絲瓜葉、紗網

[作法] 1. 到田邊山間尋找埔姜，若無也可用絲瓜葉代替。摘下的埔姜葉不要清洗，因夏日午後雷陣雨會洗淨葉面，而微生菌多聚集在葉背。將埔姜葉的葉背朝下，覆蓋在已晒好的黑豆上，並蓋上紗網以阻隔蒼蠅，再置於 30 ～ 34℃的陰暗處培養 5 ～ 7 天。如果溫度過高，可藉由電風扇降低溫度。

2. 若觀察到菌絲呈白偏灰色，呈現棉花狀，即可將黑豆粕入缸。若是粉紅、藍色、橘色等異色菌絲，可能是因為唾液、蒼蠅等所導致的雜菌，千萬別用！

接完菌的埔姜也可入缸發酵，增添風味與香氣。

接菌成功的豆粕，菌絲是均勻的白色棉花狀。

懶人撇步：

※ 簡易接菌法：若沒有埔姜葉或絲瓜葉，可至迪化街或南門市場買發酵好的黑豆粕。將黑豆粕放入果汁機打碎後，再均勻撒在煮好晒乾的黑豆上，即可接菌。

STEP4 發酵

黑豆粕加入水和鹽，進行 180 天的發酵

[材料] 10 斤黑豆粕、3 斗陶缸、碗、海鹽、細格網、玻璃片、木製或竹製攪拌棍

[作法] 1. 將黑豆粕撥散，用碗盛裝入缸。黑豆粕的量為陶缸容量的一半，再加水至七、八分滿。

2. 攪拌後靜置一段時間，讓發酵菌恢復活性。

※ 豆粕與鹽的比例是以容量計算，而不是以重量計算，故以「碗」作為計算單位。

※ 如需使用自來水，則可將水煮沸後靜置一晚，使殺菌的「氯」揮發。

※ 醬油、醋的釀造，需較多空氣協助發酵，故使用廣口缸；釀酒為厭氧發酵，使用的是小口缸。勿使用透氣不佳的玻璃缸。

3. 依步驟 1 豆粕的碗數，以 3 碗豆粕加 1 碗鹽的古法比例，加入所需的鹽量後攪拌，讓鹽能溶於水。不過此比例偏鹹，是為了避免腐壞。若不合口味，可在熬煮醬汁時加入冰糖或甘草平衡鹹味。

4. 在陶缸口處綁上細格網，以保通風，並避免落葉蚊蟲；若遇雨天，可在細格網上增蓋一片玻璃片。

5. 每日至少曝曬 6 ～ 10 小時。初期每天攪拌兩、三次，幫助微生菌活化，約兩週之後每天攪拌一次即可。攪拌時一定要從缸底往上翻攪，讓沉在缸底的鹽巴可以加速溶解。

6. 若在台灣南部需持續發酵至少 120 天，北部則須發酵 180 天以上，方可進入下一個步驟。

來野蔓園的換工，每天首要的兩件工作，一個是澆水，另一個就是攪拌醬油。發酵是一件很神奇的事情，每個人攪拌的手法、心情、態度不同，醬油的風味當然就各有所趣。

STEP 5 過濾、熬煮

將醬醪中的生醬油濾出，熬煮成蔭油

［材料］醬醪、棉布袋、尼龍繩、大鍋子、1斤甘草、5斤原色冰糖、2斤麥芽糖、迷迭香

［作法］1. 將醬醪（ㄌㄠˊ）放入棉布袋中吊掛起來，滴漏3天。如果布袋的孔隙較密，則滴漏的時間會拉長，此時所濾出的汁液即為生醬油。

2. 將生醬油以大火烹煮後，可加入以下調味（加哪一些視個人口味決定）：

- 甘草：可解毒，有回甘風味
- 冰糖：增加透明度與甜度
- 麥芽糖：增加黏稠度
- 自己喜愛的香草：如迷迭香（可作為天然防腐劑）

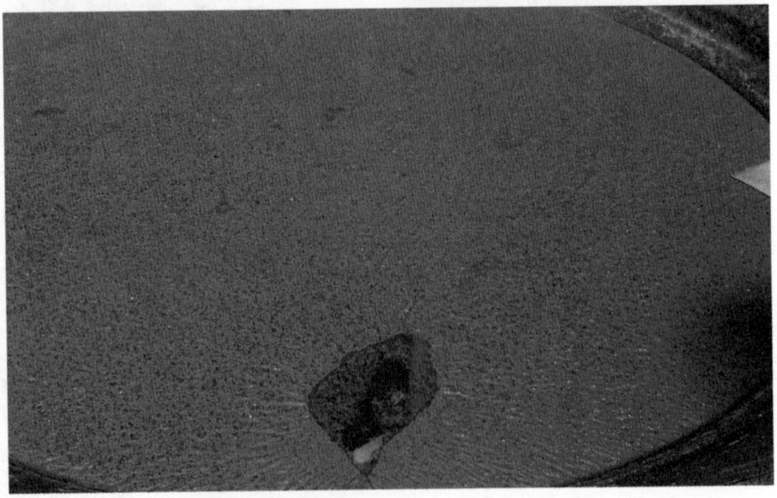

將過濾好的生醬油熬煮至表面出現鹽膜即可。

3. 再以小火慢慢熬煮，煮到蔭油表面浮現一層會反光的鹽膜，即可進行第二次過濾。過濾後的蔭油，在陽光的照射下會呈現剔透的紅黑色，而不是墨汁色。喜歡顏色較深者，可加入焦糖增加上色效果。古法是加入糖蜜調色，但因健康因素可斟酌使用。

4. 將蔭油裝瓶，若搖晃後瓶口處的泡沫細緻、不易消去，表示蔭油品質佳。

隱藏版

認識埔姜

二〇〇六年，我透過朋友立本的介紹，到宜蘭內城跟一位出家師父學習以「埔姜」葉來製麴接菌。埔姜又稱「黃荊」，是一種多用途的民俗植物。其樹材堅韌耐燒（恆春的楓港炭即是以埔姜為原料），全株充滿特殊的香氣，夏季可燃燒枝葉用來防蚊，泡成熱茶則讓人唇齒留香；果實可以入藥，美麗的淡紫色花朵更是蝴蝶的心頭好。據老人家的說法，將埔姜燒成灰燼後泡熱水過濾，即成了具清潔效果、可製作粳粽的鹼水。而用埔姜葉來「發菇」（台語的接菌），則是製作豆豉、豆油的不敗祕方。

埔姜葉與絲瓜葉所接的菌種不同，埔姜葉的菌種顏色是偏白的自然色，而絲瓜葉的菌種顏色則偏灰黑色，兩種所製作出來的豆油，風味自然也有差異。

後來隨著我到處拜訪學習，了解到原來有不少植物可以接菌，像是龍眼葉、竹葉、芒草等，都有人自生活中取材來製作自家的醬油，讓在地的傳統智慧得以保存、流傳。從這一接菌的方式，我看到了人與土地間的緊密關係，印證了「一方水土養一方人」的文化意涵。

豆豉

豆豉（ㄔˇ），又稱爲大苦、幽菽、嗜。台灣人稱豆豉爲「蔭豉」，日本人稱作「納豉」。

豆豉的製作歷史，最早記載是出現在漢代。到了漢魏時期，豉不但是日用調味品，也用於入藥。如今東南亞地區也普遍以豆豉入菜。一般按豆子的種類分爲黑豆豉和黃豆豉，按口味則有鹹豆豉和淡豆豉之分。

STEP 1 洗滌豆粕

［材料］豆粕、鍋子、紗網袋

［作法］將接菌完的豆粕裝入紗網袋內洗滌乾淨。

STEP 2 調味

［材料］鹽巴、糖、鍋子

［作法］1. 1 斤豆粕加上 2 ～ 3 兩鹽和 2 ～ 5 兩糖（依個人口味添加）後混拌，盡量不要用湯匙拌，容易把豆子拌破。豆豉的可口，一部分也在於粒粒分明的視覺饗宴。

2. 依據個人口味可再添加甘草。甘草具有解萬毒的功效，比綠豆的解百毒效果更好。

STEP3 裝罐

[**材料**] 玻璃罐、20 度純米酒、甘草酌量

[**作法**] **1.** 玻璃罐用熱水煮滾消毒，晾乾後備用。

2. 將調味好的豆粕裝入玻璃罐中，再酌量添加米酒與甘草，然後蓋上瓶蓋，旋緊後可再封上一層膠帶，避免空氣進入影響發酵。

3. 將罐子放置於陰涼通風處，不要吹冷氣。3 個月至半年的發酵期後，就會出水，可開封食用。若放至半年～ 1 年後，罐子底部的豆汁即是蔭油。

豆腐

安徽淮南是中國的豆腐之鄉，據傳漢高祖劉邦的孫子淮南王劉安，在安徽境內的淮河流域提煉長生不老藥。在母親生病期間，他每日泡黃豆，並磨成豆漿給母親喝，母親身體因此大為好轉，豆漿也隨之傳入民間。後來他誤把豆漿和石膏混在一起，意外發現了美味的豆腐。

由黃豆加工製成的豆腐富含鐵、鈣、磷、鎂等人體必需的微量元素，以及醣類、植物油、優質蛋白等，營養價值非常高。營養學也發現，黃豆中的大豆異黃酮對於女性有益，尤其可幫助改善更年期的不適症狀。因此，豆腐被賦予「植物肉」的美稱。

STEP1 浸泡

黃豆泡水 6～8 小時

［材料］5 斤乾黃豆、鍋子

［作法］將黃豆洗淨後泡水，讓種子的組織結構軟化，提高出漿量。一日要換兩次水，可睡前換一次水，起床後再換一次水。若水呈現混濁、冒泡，就代表黃豆已經開始發酵、變酸。因豆子會膨脹，水量要比豆子還多。由於冬季氣溫較低，泡水的時間要比夏季還要多 2～4 小時。泡到可輕易剝開豆瓣的程度即可，若撥開豆瓣時感覺有彈性、不易分開，則表示水泡得還不夠。

STEP2 研磨

將黃豆研磨成豆汁

［材料］溼黃豆、磨豆機、桶子數個

［作法］將浸泡過的黃豆放入磨漿機中，黃豆和水的比例約為 1：7，若要口感更濃郁，可調整為 1：5。在磨豆機的出漿口處，放置桶子來盛接豆汁。

※ 石磨是最不耗能的方式，但較耗時。以 5 斤的黃豆來說，約要研磨 4 小時。若天氣太熱，4 小時後的黃豆，可能也開始發酵腐敗了。不過，若家中有小朋友，這倒是一個很好消耗體力的方式。如果在家裡磨豆漿的頻率高，就可考慮買台家庭式慢磨機，或使用果汁機。

STEP3 過濾

分離豆汁與豆渣

[材料] 豆汁、脫漿機、桶子數個

[作法] 將豆汁倒入脫漿機，慢慢加入約 1：1 的水，將漿汁中的豆渣過濾出來。在出漿口處，放置桶子來盛接豆漿。豆漿袋中的剩餘豆渣相當營養，可做成豆渣煎餅，或是家禽的飼料。

※ 或可用孔隙較大的胚布布袋，用擠壓的方式直接將漿汁與豆渣分開。

STEP4 熬煮

烹煮成豆漿與冷卻

[材料] 豆汁

[作法] 1. 因為黃豆中含有皂素（saponins），所以豆汁會有泡沫。熬煮前，先將泡沫撈除；熬煮過程中冒出的泡沫，仍是皂素，不代表煮沸。皂素中的氰化物對身體有害，若飲用可能會造成消化不良、噁心的症狀，但卻是很環保的清洗和美容用品。

2. 豆汁煮到冒泡泡的小滾狀態時，再「點水」，然後繼續燜煮。傳統作法會重覆 9 次，但現今作法，約加 3 ～ 4 次水即可。

3. 煮好的熱騰騰豆漿，分子結構較粗，口感會較差，所以先放置冷卻至 80˚C左右後，再來添加天然凝固劑。煮好的豆漿，表面若浮著一層薄膜，就是好吃的「豆皮」。

STEP 5 凝固

加入凝固劑成豆腐腦

[材料]5000c.c. 豆漿、50 克煅石膏粉或 30 克鹽滷、500c.c. 冷開水

[作法] 1.1 斤黃豆的凝固劑比例約為 100c.c. 冷開水加上 10 克石膏，鹽滷則為 100c.c. 冷開水加上 3 克鹽滷。

2. 將凝固劑調好之後緩緩倒入豆漿中，順時鐘攪拌數次，最後一次，以逆時鐘方向快速攪拌後收起。靜置一段時間後，會看到豆漿慢慢凝結成豆腐腦。

※ 若是在豆漿中加入地瓜粉來凝固，就成為豆花，比例為 1000c.c. 冷開水加上 30 ～ 40 克地瓜粉，並再加些鹽滷水，地瓜粉量愈多，口感愈硬。豆花凝結時間為 40 ～ 60 分鐘，過程中絕對不要攪動。

STEP6 塑形

讓豆腐腦凝結為豆腐

［材料］豆腐腦、木製豆腐模型、胚布、重物（如石頭）

［作法］1. 輕輕攪拌豆腐腦，稱為「破腦」。將胚布以菱形狀鋪放在豆腐模型上後，慢慢將豆腐腦舀入模型中。不要一次快速倒入，會破壞豆腐的組織結構。

※ 若沒有木製豆腐模型，可用家中有大洞孔的籃子來替代，如洗菜籃。

2. 將胚布對邊闔上，蓋上模型蓋後，可再壓上一個重物來促進排水，加強豆腐硬度。若豆腐的塑形時間更久，被逼出更多的水，就成為豆干了。

STEP 7 脫模

取出豆腐

[**材料**] 大水桶

[**作法**] 取出豆腐模型中的豆腐，放置大水桶中翻轉數次，使豆腐與胚布分離。這就是不需添加任何調味，可立即食用的新鮮豆腐。

隱藏版

天然凝固劑

一般做豆腐需要用微鹼或微酸性的物質來作為凝固劑，讓豆漿中的蛋白質凝結。以前的人常用的煅石膏粉（硫酸鈣）是一種具有清熱效果的中藥材，適合在四~十月間食用，會有些微澀味，但口感較為細嫩。涼性的石膏在酸鹼中和後，會產生草酸鈣，所以不要與含草酸過多的食物一起食用，容易造成結石。

日本因靠海的地理特性，主要採用鹽滷（濃縮海水），口感較為扎實，其中的鎂離子會有苦味，不過如果比例得當，做出來的豆腐反而會有甜味。一噸海水需烹煮三天來濃縮為一~二公升的鹽滷。或購買台鹽的海鹽，然後裝進棉布袋吊掛在通風處，會慢慢滴出鹽水。這種用滴漏的方式取得的鹽滷鹹度較淡，可增加海鹽的比例。

鹼性的草木灰本身也是實用的豆腐凝固劑。如稻草和香蕉葉的鉀質豐富，是很好的草木灰來源。將草木灰烹煮、沉澱後的黃水就是用來做凝固劑的鹼水。用傾析（慢慢倒出）方式來分隔灰燼與鹼水，鹼水就可取代石膏、鹽滷，混入豆漿中進行凝固。如果覺得濃度不夠，可再將鹼水煮沸，讓更多水分蒸發。

其他生活中容易取得的材料也可製成天然凝固劑，如：檸檬水，或將蛋殼泡在醋中數日取醋酸鈣液替代。

豆腐乳

豆腐乳是將豆腐二次加工後的產品，味道獨特，除了是早晨吃粥的重要佐料，更是重口味料理的重要調味品。也可加入其他辛香料、水果或紅麴製作出不同的風味。相較於豆腐，經過發酵之後的豆腐乳，黃豆的營養成分更易爲人體吸收，不過因含鈉量高，須適度食用。

STEP 1 製作豆腐塊

［材料］豆腐、鹽巴、鍋子、電鍋、竹篩

［作法］

1. 將豆腐切成 10 小塊（長寬高各約 3.5 公分），用清水洗過後，均勻抹上鹽巴，再放至戶外曬 2 ～ 3 天至乾燥的程度，過程中須翻面。
2. 晒乾後，將豆腐塊放入沸水中汆燙殺菌，水滾後立即撈起瀝乾。或是用電鍋蒸 20 ～ 30 分鐘。

STEP 2 製作拌料

［材料］米粕 100 克、鹽巴 50 克（可酌量）、糖 100 克（可酌量）、紅麴 10 克

［作法］將米粕用冷開水輕輕洗過，曝晒至乾燥後，再與鹽、糖混拌均勻，也可添加養生的紅麴。

STEP3 裝瓶

[材料] 玻璃罐、20 度純米酒、甘草酌量

[作法] 1. 玻璃罐先用熱水煮沸消毒後晾乾備用。

2. 在罐底先鋪上一層米粕拌料，再鋪上一層豆腐塊。如此層層交錯放置，最上層需是拌料，每一層也可再添加甘草來提升甘味。

3. 最後倒入 20 度米酒，須蓋過最上層的拌料。

STEP4 發酵

[**作法**] 將豆腐乳罐倒扣放置，日晒 3 天至 1 個月，可避免空氣進入。之後放置室內陰乾處，不須倒放，3、4 個月後即可開封食用。

味噌

味噌（ㄘㄥ）是日常飲食常見的調味料，最常用來煮成湯品，不管是自助餐店、日式料理店、或是家裡的餐桌上，經常可以喝得到滋味甘醇的味噌湯。而味噌湯也幾乎是日本飲食的代表，但其實味噌是源於中國。據傳可能是唐朝鑒眞和尙傳到日本，也有傳說是先傳到朝鮮半島後再傳到日本的說法。日本因是海島型國家，取鹽方便，利於味噌的製作，因而將味噌發揚光大。奈良時代（七一〇～七九四年）開始出現的「末醬」，是指殘留豆粒的醬，也就是最早的日本味噌。

不過，相較於日常使用的頻繁度，人們對它的製造過程卻是陌生的，看起來土黃色的固態醬料似乎很難令人直接聯想到哪一種原料，原來味噌與醬油同樣是以黃豆發酵製成的，不過加入了米麴、麥麴等不同的種麴接菌後，產生風味殊異的成品。

STEP1 浸泡

將黃豆泡水

[材料]6 公斤黃豆、鍋子

[作法] 1. 將黃豆洗淨後泡水 6 ～ 8 小時，冬天增加至 10 小時。

2. 每 2 ～ 3 小時換 1 次水，避免黃豆開始發酵產生酸味。

3. 浸泡完成後，挑出發黑或破損等不良的黃豆。

STEP2 烹煮

將黃豆煮熟

［材料］鍋子、鹽巴、漏勺、玻璃瓶

［作法］1. 將黃豆加水滾煮，煮到輕輕一捏就會皮破豆出的程度。烹煮過程中，要適時撈除泡沫。

2. 煮好後的黃豆瀝乾備用。剩下的黃豆水，以每 1 公斤水量加入 35 ～ 45 克的鹽調味，製作成「種水」。

STEP3 調味

加入鹽以保持營養

［材料］煮熟的黃豆、2700 克海鹽、擀麵棍或絞肉機、乾淨的塑膠袋

［作法］1. 以 1 公斤黃豆搭配 450 克鹽的比例混合。

※ 若使用粗鹽，須先用果汁機將粗鹽打細，每次為 1 ～ 2 秒的輕輕轉攪，反覆數次。

※ 不建議使用精鹽，因加工後營養價值較低。

2. 將混合鹽巴後的黃豆放入塑膠袋中，用擀麵棍或絞肉機（或其他重物）搗碎成泥。

STEP4 發酵

加入米麴或麥麴

[材料] 黃豆泥、米麴或麥麴、種味噌、種水

[作法] 1. 黃豆泥與米麴（或麥麴）以 1：1 的比例混合均勻。

2. 每 1 公斤黃豆泥再拌入 250 克種味噌以增添風味。

3. 將黃豆泥捏成圓球狀，若容易散開，表示水分不夠，須再添加種水提高黏性。

STEP5 入缸

裝入容器中

[材料] 窄口的陶甕、鹽包或米包、石頭、保鮮膜、塑膠袋、繩子

[作法] 1. 將混合好的黃豆泥「丟」入不透光的缸中，手以拳頭狀壓實，排除豆泥之間的空氣。壓得愈緊實，發酵後的口感愈好。

※ 缸底可先塗抹些許種味噌以增添風味。

※ 製作過程中所有容器不能含有油分，因為油會抑制發酵菌的生長。

2. 豆泥放至 9 分滿後，覆上保鮮膜，再以鹽包或米包平整壓放，避免空氣進入。缸口再鋪上乾燥的塑膠袋並綁緊、綁平，確保空氣不會進入。

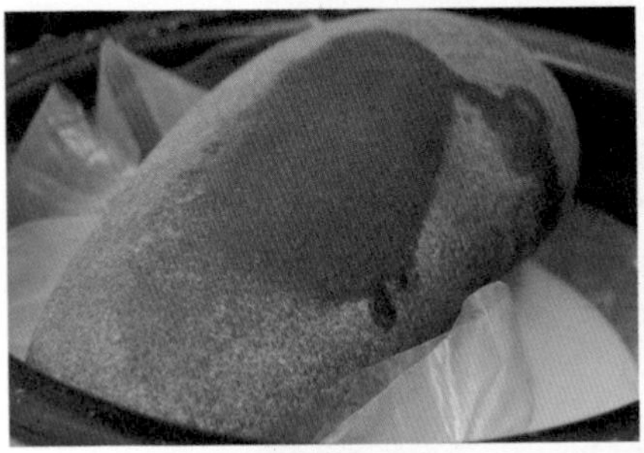

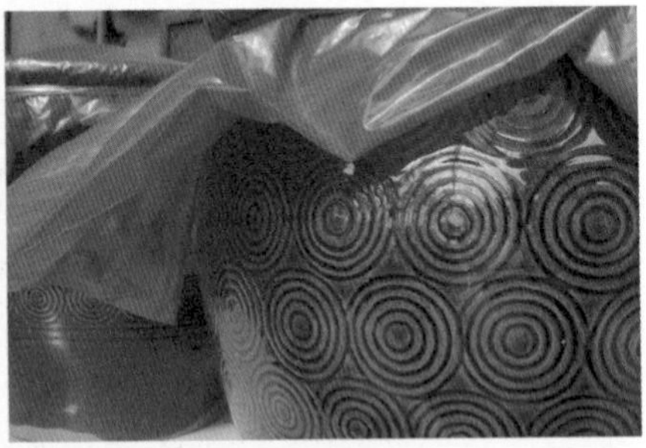

3. 發酵 6 個月後即可開缸食用，放至 1 年風味會更加淳厚。最表層的味噌若有黑色為正常現象，將其刮除後即為美味的味噌醬。

樸門永續元素：社群

樸門所提倡的不是一個人隱世獨居的生活，而是要融入在社會中，有著大家一起動手做的互相陪伴和互動樂趣。記得我今年到高雄開蔭油課，有學員一聞到我做的蔭油味，就想起以前媽媽自釀蔭油的味道，那是童年珍藏的回憶。更棒的是，這些來上課的大姐們，還相約共釀一甕蔭油，空檔的時候閒話家常、輪流排班攪拌蔭油，還希望自己種植黑豆，從原料的源頭把關。所以，做蔭油這件事並不只是一項傳統技術的傳承，還建立了社群的凝聚感，「讓社區動起來」。這種人與人之間的分享所產生的無形資產，更是樸門所強調永續元素——社群所發揮的功能。

7 柚子

柚是芸香科柑橘屬的植物，有文旦、白柚、紅柚等多樣品種，是功能多樣的經濟型果樹。

它是多年生的常綠喬木，高可達五～八公尺，喜歡溫暖潮溼的氣候。春季的時候開花，此時水分須充足，白色的花朵散發淡淡香氣，令人賞心悅目。約在六月分果實成長期間，可將生長不良的果實修除，以集中養分。果實約在十～十一月左右成熟，果皮會由深綠色轉為黃綠色，一般會在中秋節前採收。採收前可以減少水分，有助於果實的糖度提高，但遇上雨季，則須注意土壤排水否則容易落果。果樹的栽培特別要注意枝條的修剪，在冬季採收完、植株生長勢較弱時，可將枯枝、重疊枝、徒長枝等加以修剪，除了維持樹形外，也增加通風及受光程度。此時可減少給水量，待明年春天再萌發新芽。

手作的文化

韓國是採用南部所生產的黃金柚子，再加入蜂蜜後，利用恆溫窖藏發酵來保留柚子的營養，又能去除柚子原來帶有的苦澀。但其實在中國、日本等地，也都有將柚子做成茶的飲食習慣，《本草綱目》就記載著「飲食，去腸胃中惡氣，解酒毒，治飲酒人口氣，不思食口淡，化痰止咳。」

在客家文化中，也有著陳年柚子茶的製作傳統。當女兒出生時，在煙囪上掛上兩、三個柚子茶，使其慢慢燻乾，而在女兒長大出嫁時，柚子茶即成爲陪嫁的珍品。

節氣飲食

節氣——秋分

秋分是二十四節氣中的第十六個節氣，約是國曆九月二十三日～二十四日之間，此時晝夜均分，過了秋分，白天越來越短，夜晚則漸漸變長。自然界的陽氣慢慢收斂，氣溫逐漸下降，飲食訴求潤肺清燥、甘寒滋潤，多吃酸味水果、少吃辛香料的食材。柚子性寒，在進入秋燥的氣候轉涼時期，柚子對於呼吸系統方面的不適症狀具有相當的療效。柚子的維生素C含量是檸檬和柳丁的三倍，鈣含量比蘋果、梨、香蕉等高出十倍，並含有豐富的天然枸櫞酸和各種無機鹽類，具清熱去火、止咳化痰功效，可調養肝、胃、肺等機能。

手作的祕訣

柚子醬

每當柚子收成的季節，農場裡總是堆滿一簍簍的柚子，一不小心柚子就開始發霉，因此要想辦法再加工，才能長期保存。除了品嚐柚子酸酸甜甜的原味，也可將果肉與果皮製作成柚子醬。我最喜歡用柚子醬做成沙拉醬，加入橄欖油與鹽巴拌勻後，拌入用秋、冬季蔬菜製成的生菜沙拉，非常清爽可口。

STEP1 處理柚皮

[**材料**] 柚子、糖、削皮刀、菜刀、砧板、鍋子

[**作法**] **1.** 將柚子外表洗淨後，削除最表層的柚皮。只削到含精油皮囊層即可，不要連白瓤一起削下來。

2. 將柚皮汆燙殺青（清除細菌），再將柚皮切成細絲。可以留下一些殺青後的柚子水來煮柚子茶，雖略帶苦味，但可提升香氣。

STEP2 熬煮果肉

[**材料**] 微量秤、鍋子、糖、蜂蜜或柑橘汁、玻璃罐

[**作法**] **1.** 將白瓤剝除，挖出柚肉後秤重，然後在柚子水中放入柚肉 **60%** 重量的糖，再將柚肉和柚皮絲放入熬煮。邊煮邊攪拌，避免燒焦。

2. 當水分蒸發變少時，就再加入更多柚肉。如此持續熬煮數小時，直到水分收乾。

3. 在水中滴下柚子醬液時，醬液呈現不易散開的濃稠狀，即大功告成，可趁熱裝瓶。

4. 若想要韓式風味的柚子醬，可在最後裝瓶前加入蜂蜜拌勻，或可滴入些許柑橘汁液提味。

酸柑茶

酸柑茶是最具文化性的客家傳統茶飲之一，也是我很喜歡分享的手作物。這是我在社大的一位學生於課堂中分享的作法，依循古法九蒸九晒，柑橘皮即成陳皮，具有藥性，對上呼吸道及肺部的保養很好。各類柑橘都可依此方式製作，但其中以廣東酸橘最佳，因為廣東酸橘很酸不易入口（維生素C含量很高），改加入茶葉製成風味茶，反而受到歡迎。一般園藝栽培會用廣東酸柑來作為嫁接砧床用，因其生長快無病蟲害且產量高，也可以將酸柑改用柚子來製作柚子茶。生活就是離不開文化，傳統茶最能傳遞手作文化的意涵。

［材料］酸柑或柚子等柑橘類、紅茶葉、菜刀、砧板、湯匙、鍋子、棉繩、電鍋、竹篩

［作法］1. 在橘子頂部約1／4～1／5處切開，切下來的頂部放在一旁備用。

2. 用湯匙將果肉挖出置於鍋內，注意橘皮不可破。

3. 將種子挑出（因為籽會造成苦味），將紅茶葉與果肉混合均勻。

4. 將吸滿橘汁的紅茶葉塞回橘子皮內。

5. 將切下的 1 / 4～1 / 5 橘片蓋回去，並用線綁緊。

6. 置入電鍋內蒸煮 20 分鐘後放到竹篩上日晒，晒乾之後再放入電鍋中蒸煮。如此重覆九蒸九晒後，可久放不壞。

7. 橘子在日晒過程中會縮水變小，因此每次日晒前要重新綁線、調整形狀，使橘子保持在緊實的狀態，否則茶葉容易灑出。

8. 依日照與天候狀況，約 1 ～ 2 個月即可完成。

隱藏版

柚皮蚊香與清潔劑

製作柚子醬所切下的白瓤可別丟掉，將它晒乾後，就是天然的蚊香。也可將多餘的柚子皮切片泡在七十度的藥用酒精中一週至十天，再取出溶液以 1：2：7 的比例加入椰子油、起泡劑和水，裝瓶後就是萬用又環保的清潔劑。

8 咖啡

咖啡樹是茜草科咖啡屬植物，爲常綠灌木，有三十～一百年壽命。咖啡樹的生長帶在熱帶與亞熱帶，喜愛半遮蔭、排水良好的環境，適合種在林間樹下，用來營造多層次的食物森林。目前台灣的咖啡多種植在中、高海拔的區域，利用溫差讓果實的味道更豐富。在一般都市居家陽台、路旁也可種植，比起一般園藝植物的照顧需求程度較低。大約種植三～五年之後，開始開花結果。果實一年可採收二次，第一次四月開花，六、七月間採收；第二次八月開花，十月採收。粉嫩的白花吐露淡淡的香氣，開成一片花海更是引人入勝的景色。等到果實的顏色由綠轉成深紅色，就可以採收「咖啡櫻桃」了。

咖啡樹原種分爲三大類，第一種是阿拉比卡（Arabica），屬小果咖啡，種植於海拔五百～八百公尺以上，占世界產量七〇％，是我們最常飲用的種類，也是目前在台灣栽培的

主要種類，風味與香氣均優，但易遭病蟲害；第二種是羅布斯塔（Robusta），屬中果咖啡（漿果較小果咖啡大，但比大果咖啡小），抗病害能力強，種植於海拔五百公尺以下，占世界產量二〇～三〇％，咖啡因濃度高，主要用於即溶咖啡。第三種賴比瑞亞（Liberica），屬於大果咖啡，抗蟲害能力強，可以適應高溫高溼的環境，不過因為香氣較淡、苦味較強，因此栽培數量與消費市場均小。

鮮少有人知道，陽明山其實也是早期咖啡試種的地點之一，但年代已不可考。聽野蔓園的鄰居老農說當年種得還不錯，只是當時喝咖啡的人口並不普及，也不懂行銷宣傳，最後都將咖啡樹砍掉，改種柑橘類作物。直至一九九〇年代末期，國際咖啡連鎖店進駐台灣，開始掀起咖啡熱潮，台灣的本土咖啡種植，才再次受到重視與鼓勵，近年更是再現風華。

手作的文化

西元六世紀，衣索比亞的牧羊人卡洛迪，有次發現山羊在覓食後竟異常興奮地彷彿在跳舞。傳說中最早的發現者，應該就是這群山羊，這也是觀察動物與自然互動的最好證明。

台灣最早的咖啡樹據說是在清朝光緒年間，由英國人引進至三峽附近栽種。日治時期，日本人發現海拔三百公尺的古坑荷苞山，其沙質土壤、亞熱帶氣候等條件都相當適合栽種咖啡，古坑咖啡因此一度享有盛名。一九四二年全台灣的咖啡種植面積更高達一千公頃。但日治時期結束，卻因戰爭糧食短缺、政權交替和地權不清等因素，台灣咖啡產業遭受衝擊，一九七〇年代後，咖啡歲月也黯然消逝。隨著國際咖啡連鎖店的進駐，便利商店現磨咖啡與本地平價咖啡連鎖店的蜂擁林立，約近十五年時間，早晨、飯後來杯咖啡已變得和喝茶一樣的自然隨性，咖啡店更是談公事或消磨時間的好去處。

我常在課堂上與學員討論友善環境的觀念，咖啡就是一個很貼近生活的教材。一杯約五十元的咖啡卻是由一天收入不到一美金的咖啡小農所生產的，不公平的利益分配架構使得當您每消費一杯咖啡，就有可能殺死一個第三世界的咖啡小農。別覺得我過於誇張一杯咖啡的力量，大家可以閱讀《糧食戰爭》這本書，以戰爭來形容食物與能源的不公平貿易，以及產銷的不對等關係，一點也不爲過。尤其咖啡、巧克力、香草莢這類特殊經濟商品，被跨國企業壟斷市場的程度更嚴重。因此，我們作爲消費者，必須要理解是什麼原因支持著我們可以用如此低廉的價格就可以買到遠渡重洋而來的咖啡。這背後長途運輸、單一化種植所造成的環境成本、我們看不到的勞動條件，以及生產地所承擔的社會成本，都是在買咖啡之前所必須要考量的。

而爲改善生產國家的社會與自然環境，「公平貿易」的制度與商品因應而生。公平貿易的立意良善，不過我認爲應該也要支持台灣在地的咖啡生產者。

我有一個夢想——樸門咖啡，就是希望咖啡可以成爲社區微型經濟的一部分。「自己要喝的咖啡自己種」，如果每一個家戶都種一株咖啡，待成熟之後每年可採收的果實就足以供應社區的需求。低食物里程的在地生產咖啡，對環境而

很多人都認為台灣不適合種咖啡，但其實咖啡的種植條件相當簡單，於台北市內，一位停車場管理員就在管理室旁種植了咖啡樹盆栽，開滿一整樹的花。

言更公平、食物安全更有保障。在資本強權的區域市場遊戲中，很多人不覺得自己可以改變什麼。不過，我相信只要開始在自己的生活中實踐，我們的未來會一點一滴被改變。

節氣飲食

節氣——霜降

霜降是二十四節氣中的第十八個節氣，約是國曆十月二十三日～二十四日之間。表示天氣寒冷，空氣中的水氣也將被凝結為霜。此時需注意呼吸道的保養，宜平補，可多吃粥、梨、洋蔥等，生津潤燥、固腎補肺。這個時節也是咖啡收成的季節，雖然人們多把咖啡當作提神飲料，但其實是因爲咖啡抑制了疲勞感，不過咖啡會刺激腸胃，不宜空腹飲用。

手作的祕訣

咖啡豆

STEP1 去皮乾燥

將果皮與大多數的果肉去除

［材料］咖啡豆、密封罐

［作法］1. 成熟的咖啡豆是如櫻桃般的紅色果實，並含有微甜的果肉。一般要將果肉與種皮分離可以有兩種方式，一是直接曝晒於陽光下，自然乾燥後，種皮即可輕易剝除。但自然乾燥較難控制咖啡豆的含水分，一般水分含量需為 12 ～ 13%，若水分含量過高，則咖啡豆易發霉。另一種方式是水洗去皮，將咖啡豆泡水、搓洗，讓果皮浮於水面、咖啡豆沉下後就完成。此法的好處是可以篩選瑕疵豆（浮在水面的咖啡豆）。

2. 水洗後將咖啡豆放在陽光下自然乾燥，果膠層會慢慢消失。乾燥後的 1、2 天熟成時間，可讓咖啡豆分泌油脂，此時的咖啡豆風味最佳。

咖啡果實

STEP2 脫殼

去除咖啡豆的外殼

[**材料**] 咖啡豆、篩盤、果汁機、電風扇或吹風機

[**作法**] **1.** 咖啡豆的最外層是質感較硬的淺黃色果莢，具有保護生豆的功能，如果要長期儲放的話，這層果莢可以先不用去除。將乾燥的咖啡豆放入果汁機慢速攪打約 30 秒來去除果莢後，即可得到「生豆」。

2. 將果汁機中的生豆和果莢倒入篩盤中，並用電風扇或吹風機將果莢吹除。此時會發現生豆被一層細薄透明的皮膜包覆，這就是「銀皮」，它會在烘焙的過程中自然脫落，也可在此一步驟中輕輕脫除。

3. 接著再挑選生豆，挑除顏色如過度發酵的黑色咖啡豆。

STEP3 烘焙

烘烤咖啡豆，決定咖啡的風味

[材料] 咖啡豆、不銹鋼漏勺 2 個、鐵桿、火箭爐、報紙、樹枝、電風扇

[作法] 1. 先將報紙、樹枝放入火箭爐中生火。若採用果樹樹枝，如野蔓園的梅樹，咖啡中也會增添淡淡的果香風味。

2. 將兩個直徑約 15 公分的漏勺組合成烘豆器。

3. 將生豆放入烘焙鍋中，再將合併後的單柄手把插入鐵桿中。在火箭爐上轉動烘焙鍋約 20 分鐘，聽到第一爆的聲響，即是淺焙程度。再轉動 1 ～ 2 分鐘，此時此起彼落的爆響聲，表示已達中焙程度。

淺焙咖啡豆的咖啡因和丹寧度高，口感較酸，烘焙愈久的口感愈偏苦。保存上，以中焙為佳，因深焙咖啡豆的油脂幾乎已完全分泌出來，易產生油耗味。

中焙

※ 居家也可使用炒菜鍋來進行烘焙，如同炒花生的方式來炒生豆，持續翻炒 12 ～ 15 分鐘即可。

深焙：咖啡豆從土黃色轉為咖啡色。

4. 烘焙完成的咖啡豆溫度相當高，可以用電風扇加速降溫。

5. 可至咖啡專賣店購買密封袋，將烘焙完成的咖啡豆放入保存，以隔絕空氣。

STEP4 沖泡

友善環境的咖啡

[材料] 咖啡豆、磨粉機、量匙（18 ～ 20 克）、濾紙（2 ～ 4 人份）、濾泡壺、沖水壺（380c.c.）、茶壺、咖啡杯

[作法] 1. 將烘焙好的咖啡豆放入手動磨豆機中磨成細粉，一湯匙為一人份的量；可加入血橙增添風味。

※ 用手動磨豆機取代電動磨豆機，也是節能減碳的小實踐。

2. 濾泡壺有兩種型式：

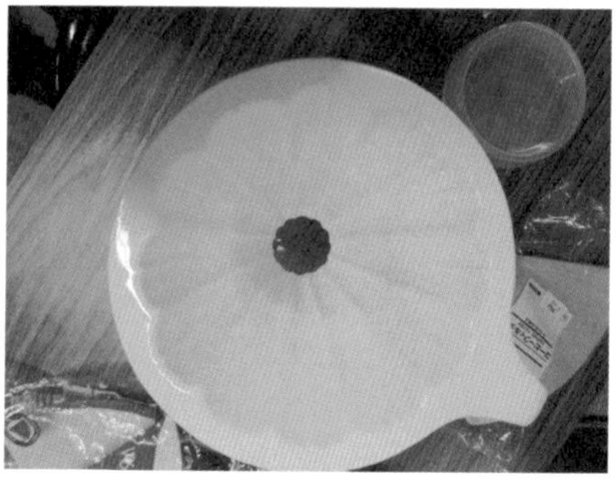

左為階梯型，底部為平，所使用的濾紙會有側面和底部的兩處接合邊，先摺疊側邊，再反方向摺疊底邊後放入濾泡壺，濾紙纖維因摺疊而往二個方向拉開，濾紙便會自然撐開。
右為圓錐型，底部為尖型，所使用的濾紙只有側面的接合邊，摺疊側邊後放入濾泡壺。

※ 若選用白色濾紙，因有漂白處理，可在沖泡咖啡前，先沖泡一次濾紙，倒掉濾紙水後，再進行咖啡的沖泡。

※ 沖水壺盛水量 8 分滿即可。

3. 階梯型濾泡壺採用預溼法：從中間處開始注入約 95°C的熱水，等咖啡粉都覆有水分時，暫停30秒後，再進行第二次注水，如此重覆3、4次。

圓錐型濾泡壺採用平均法：從外圍處向內注水，注水跟著咖啡粉漂浮的方向移動，但不要碰到濾紙邊，沖水壺剩 1 / 3 水量時暫停。待濾泡壺中的咖啡粉量剩 1 / 3 時，進行第二次注水，此次由中間向外繞。

※ 保存良好、隔絕空氣的咖啡豆，內部含有二氧化碳，因此沖泡時會產生泡沫。

4. 從自種的咖啡豆、無電烘焙、手沖濾泡，到一杯咖啡的享用，都可自主完成，這也是一杯最有獨特風味、友善環境的樸門咖啡！

樸門咖啡達人小故事

我的一位喜歡喝咖啡的社大學員信杏大哥，是職業軍人出身。帥氣挺拔，雖然才年過五十，卻已是一位年輕阿公。他所泡的咖啡有種淡淡的特殊香味，讓我這個不太喝咖啡的人產生了好奇。細問之後，得知原來他是以他南投朋友的自種咖啡豆自行烘焙後，再以手磨濾泡式沖泡。那股特殊香味，則是添加了血橙皮（紅肉柳丁），讓苦澀的咖啡多了幾分新鮮的風味。

信杏喜歡攝影，他說舉辦攝影展時，只是感覺展場應搭配現磨的咖啡香，於是才開始接觸咖啡。他本身也喜歡自己動手改造用品、工具，電焊、氣焊都駕輕就熟。所以之後他自己摸索烘焙咖啡豆的技巧，便運用兩個漏勺自製了一個手搖式烘豆器，方便在火箭爐上烘豆子。每天早晨，他會爲太太泡一杯充滿愛心的咖啡；中午的時候，他與同事們更會一起動手沖咖啡來品嚐、分享。因此，咖啡變成他與家人朋友聯繫情感最重要的媒介。

除了咖啡豆，他也告訴我咖啡葉其實可以用來製成茶葉。葉子經過揉捻、發酵之後，口感與紅茶很像，雖然帶一點苦味，不過味道比咖啡溫和，咖啡因含量較低，且含有非常豐富的抗氧化成分，很適合不能喝咖啡的朋友。我因此常邀請信杏到課堂上分享手作咖啡學習歷程與心得，讓其他學員知道實踐樸門生活就是這麼容易，更希望將這種風味的記憶流傳下去。

9 羊乳

羊是一種非常溫馴的哺乳類動物，喜歡群居生活。記得今年初有朋友送給我兩隻山羊，正好可以協助改善大花咸豐草過度繁殖的問題。同時也增加了教育功能，許多小朋友來到野蔓園，一定會先被羊的叫聲所吸引，然後開始探索野蔓園與認識植物，並與羊有很親切的互動。而羊的糞便更是很好的堆肥材料。等到母羊開始生育時，就有羊乳可以享用了。

製作起司的奶源，必須是還未消毒過的生乳才能發酵。因此，不要購買商店中的鮮奶，在北部地區有台大牧場、林口嘉寶村、桃園埔心牧場、宜蘭可達羊場等都購買得到生乳。距離野蔓園走路只要十分鐘的路程，有一個當地圈養羊群的小戶人家，我就和這位鄰居直接購買生羊乳做起司，也是落實樸門所提倡的減少食物里程。

起司種類多達數百種，依據乳源、脂肪含量、熟成期、製作方式、國家區域等等不同要素，起司的質地和食用方式，也都極有差異，一般依含水量，可略分爲乾式和軟式兩大類。所以起司是門深學問，我也不敢稱是專業，只是藉由手作課程來分享，但主要還是得親手做過，從中感受，找出適用自己的手作方式，也傳遞不同的飲食文化，進而增加生活的多樣可能性。

手作的文化

還沒發明塑膠袋的時候，人們怎麼裝東西？相傳大約在六千年前，長期在沙漠行旅的阿拉伯人，就是將牛奶、羊奶裝進這種用小牛四個胃中的第一個胃做成的皮革袋。由於牛奶並不能直接被人體的腸胃吸收，而小牛胃本身有可以轉化牛奶的凝乳酵素，再加上長期的日照影響，就讓袋中的羊奶分離成白色的凝脂和透明的乳清兩層。

起司的最早文獻紀錄，則是出現在數千年前蘇美人的歷史中，同時也發現當時製造起司的器具，甚至經過考證，在一萬二千年前，因為飼養綿羊的生活型態，也產生了用羊乳製作起司的飲食習慣。只是當時所使用的陶器、木器或是皮製品容器，難以保持清潔而產生酸化，讓鮮奶形成凝乳。一直到西元三、四世紀，羅馬人採用凝乳所製作的硬質起司，就與今日的作法極為相近。

羅馬人原本是將起司作為旅行和軍隊的方便補給食物。遠征時期，因在各地獲得許多起司的製造方法，並又大幅傳播，因此成為歐洲的主要食物。而在歐洲黑暗時代，傳統的起司製造方式，也被修道院的修士保存下來，並進一步發展，例如瑞士 Tete de Moine 起司的包裝圖樣，就是修士的畫像，原名也就是修道士頭（Monk's Head）的意思。如同中國的豆腐，有著植物肉的別稱，起司也被稱為白肉，在禁止吃肉的齋戒日，更是修道院內的重要食物。

節氣飲食

節氣——立冬

立冬是二十四節氣中的第十九個節氣，約是國曆十一月七日～八日之間，表示冬天的開始，萬物開始進入休息的狀態。冬天是蔬菜的產季，宜多吃新鮮蔬菜。本草綱目記載羊乳氣味甘溫，無毒，對於肺、腎、大小腸、心臟的機能，都相當有益。尤其白露後的秋冬季節，對於呼吸系統的氣喘、咳嗽改善，都有幫助。進入休養生息的時節，具有高蛋白質、多種礦物質，以及維生素的起司，正是補給營養的良方。

手作的祕訣

羊乳起司

本書所介紹的是德式起司，屬於希臘菲達起司（Feta）的一種。菲達通常用羊乳製作，熟成期在二週至一個月間，脂肪含量四〇％，屬於低脂肪的鮮起司，常用於沙拉。而來自義大利的馬蘇里拉起司（Mozzarella），須在熱水中揉捏凝乳，就像拉麵條一樣。我是在二〇〇八年跟一位德國的青年 Werner 學的，他高中畢業後就到乳酪加工廠學習起司加工。他回國後，還特別寄來一雙橡膠手套（千萬別用塑膠手套），讓我保護在熱水中揉捏凝乳的雙手。馬蘇里拉的水分含量高，口感較鬆軟，脂肪含量二〇％，因爲味道較淡，通常會再添加鹽、醋、胡椒來調味。

STEP1 加熱

隔水加熱羊乳

[材料] 10 公升生羊乳、鐵鍋、藥用酒精、溫度計

[作法] 將 10 公升羊乳隔水加熱到 37℃，約需 30 ～ 40 分鐘，期間要不斷地攪拌。37 ℃的觸感約與人體溫度相似，37℃也正是牛胃的溫度，因此也是適合乳酸菌成長的溫度，能將乳糖轉化成乳酸。若加熱的溫度過高，可稍微放置冷卻至 37℃。

※ 所有的器具在使用前，都必須噴灑酒精消毒。

STEP2 凝乳

藉由酵素來凝結羊乳

[材料] 10 公升羊乳或牛奶、0.4c.c. 凝乳酵素（液體）、2 克優格菌粉（乾粉）、滴管、切割器

[作法] 1. 用小滴管滴入 0.4c.c. 凝乳酵素來使酪蛋白凝結。

2.30 ～ 40 鐘後，放入切割器，將凝結成溼潤狀的羊乳凝凍，切成比例相同的塊狀。切割的作用是破壞組織，加速凝結。若切成小塊，水分排出快，起司會較硬；切成大塊，水分排出慢，口感就偏鬆軟。

※ 小牛的第一個胃含有豐富的凝乳酵素，將其切成條狀後風乾，每次需要製作凝乳酵素時，就取用一、兩條泡入冷開水來製作。但小牛胃畢竟難以取得，也可用一顆檸檬擠汁來替代，但味道就會偏酸。若是素食者，目前在網路上也購買得到植物性凝乳酵素，也可以選擇性添加優格菌粉。

※ 居家可用刀替代切割器。

STEP3 出水

將水分與起司分離

[材料]10 公升羊乳或牛奶、濾網、模型籃、鹽水、鍋子

[作法] 1. 將起司舀到模型籃中，模型籃的排水孔愈多愈好，讓水分快速排出，起司沉澱。10 公升的羊乳可製成約 1 公斤的起司。

2. 從模型籃中取出起司，放置於低溫的環境中 8 ～ 10 個小時，期間需轉動起司幾次。10 小時後再將起司泡入鹽水中 1 ～ 2 天，鹽可加強防腐，但泡越久則味道越鹹。

※ 分離出的乳清水別急著倒掉，可以拿來飲用，或敷臉保養皮膚。

STEP4 熟成

讓起司發酵

[材料]1 公斤起司

[作法] 泡完鹽水後的起司已經可以食用，有濃郁的乳香味。再將起司放在 7 ～ 10℃的無菌環境中，保存 1 ～ 2 週，會更具有多層次的豐富風味。

※ 居家可用保鮮盒或真空袋，再放入冰箱內保存，但注意冰箱內的物品不要太雜亂，否則容易產生破壞發酵的雜菌。

10 冬季蔬菜

冬天是蔬菜的盛產季節（特別是十字花科的植物），舉凡根莖類（白蘿蔔、紅蘿蔔、薑等）、以及葉菜類（大白菜、芥菜、萵苣、茼蒿等）、辛香類（芹菜、芫荽等）等，在合宜的照顧下，都可以有豐盛的收成。

舉白蘿蔔爲例，通常在十月分就可以開始播種。播種前要確認土壤是否夠鬆軟，蘿蔔的地下根才有伸長的空間。種子可用點播的方式，一穴約三個種子，間距約二十～三十公分。等到種子發芽後，將生長不良的芽去除（可集中起來當芽菜吃掉）。大約二個月之後，趁露出土表的蘿蔔頭還未轉綠之前就可以採收，採收前可以減少給水。蘿蔔是用途非常廣的蔬菜，葉子可以製成雪裡紅，較老熟的蘿蔔則可以切塊後製成蘿蔔乾，皆可以利用鹽巴與乾燥方式長期保存。

根莖類

白蘿蔔

紅蘿蔔

葉菜類、辛香類

芹菜

大白菜

芫荽

而芥菜可粗分爲莖用與葉用的種類，也是在十月播種，可以先用穴盤育苗再定植。芥菜的採收期很長，從播種一直到開花結籽，大約四個月的時間可以持續採收葉子。等到果莢變成淺褐色之後，就可以採下來留種，最好能與果莢一起保存以隔絕溼氣。通常我會將芥菜用鹽巴醃漬後放入泡菜甕裡製作成酸菜，不僅可以保存更久，與其他味道較淡的食材（如豆干）一起烹調也非常美味。

手作的文化

《詩經》中所出現的「菹」，原意爲酸菜，指經過乳酸菌與酵母菌等微生菌發酵作用後能長時間存放的蔬菜。在四川、東北、雲南當地的日常飲食特色就是各式泡菜。清朝年間，川南、川北還會以泡菜作爲嫁妝。因爲蔬菜採收後不耐保存，而往往冬季又是蔬菜的盛產期，所以藉由發酵來延長保存的時間，也提高附加價值。如高麗菜、大白菜、白蘿蔔、芥菜等冬季蔬菜，都是最常製成泡菜的種類。但其實在日常烹煮過程中，食材所剩的邊角餘料（皮、根等），都可以拿來醃製成爽口開胃的泡菜，也是一種簡約的生活態度，並珍惜大自然的給予。

泡菜的原理是利用鹽分與隔絕空氣來營造適合乳酸菌和酵母菌生長的環境，能抑制其他微生菌的生長，並產生乳酸與酒精，讓蔬菜的風味更加豐富。不過，一旦有空氣中的醋酸菌進入，蔬菜的味道就會變酸（較嗆）。

泡菜是很多家庭共同的生活記憶。記得我小時候腸胃不舒服，父親就會跟鄰居要一點泡菜汁液來給我喝，現在了解原來這些健康的乳酸菌對整腸健胃非常有幫助。樸門非常重視分享的精神，每個人身邊多少都會有做泡菜的高手，歡迎您在我們的部落格分享您的經驗，讓這些飲食記憶得以傳承。

節氣飲食

節氣——小雪

小雪是二十四節氣中的第二十個節氣，約是國曆十一月二十二日～二十三日之間，天地萬物都準備蟄伏過冬。因冬季的活動量減低，因此日常保養要注意心血管方面的疾病。「冬吃蘿蔔夏吃薑，不勞醫生開藥方」，蘿蔔可以生津潤燥、止咳化痰，是當令適宜多吃的蔬菜。泡菜富含維生素和鈣、磷等無機物，可提供人體充足的營養，預防動脈硬化、保護心血管，而大量可幫助食物消化和吸收的乳酸菌，也能協助人們度過冬季。

手作的祕訣

四川泡菜

我很喜歡透過演講與教學的機會認識各式各樣的朋友。在一場演講中，我就詢問聽眾是否有人會做泡菜，當時芳姐大方舉手。她來自四川、湖南的外省家庭，從父母親的手藝中傳承了道地的飲食文化，四川泡菜更是家中的常備菜。她喜好旅遊，是眞正的行樂饕客。她也曾有對抗重疾的深刻體會，對於泡菜的製作和食用，有許多後輩可學習的智慧與風味，因此我邀請她到野蔓園來傳授製作泡菜的祕訣。

不似韓國泡菜大量使用辣椒與海鮮提味，川式泡菜的製作方式非常簡便，只需要利用鹽巴與隔絕空氣，就能讓乳酸菌與酵母菌生長，防止蔬菜腐壞，更可以讓蔬菜變得美味、好消化。泡菜的製作過程中，可以加入不同的蔬菜、配料（辛香料、水果等），製造不同的風味，別有趣味。

STEP1 處理食材

[**材料**] 高麗菜、白蘿蔔、紅蘿蔔、嫩薑、辣椒、菜刀、砧板

[**作法**] **1.** 高麗菜洗淨後晾乾確保沒有生水（但也不要曬成乾皺樣），然後撕成片狀。高麗菜心是最美味的部分，所以先將較粗的纖維切除後備用。

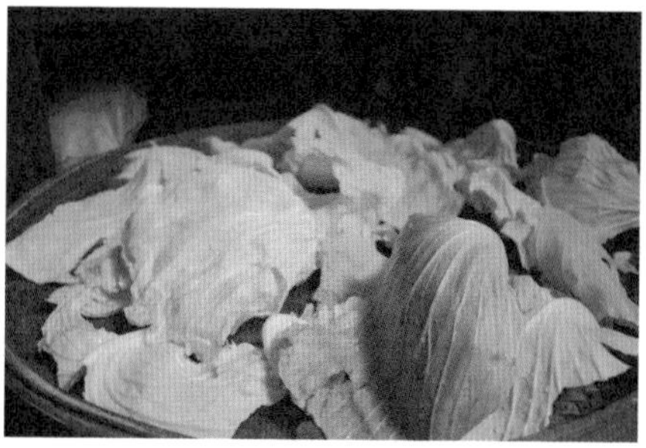

2. 用菜刀削白蘿蔔皮，需連帶外圍的蘿蔔肉一起削，中間的蘿蔔肉可做其他料理，但白蘿蔔頭要保留。

3. 紅蘿蔔可以增添色彩，切片或切條皆可。

4. 嫩薑整塊放入，食用時再切片。

5. 長形的辣椒切去蒂頭後再切成段。

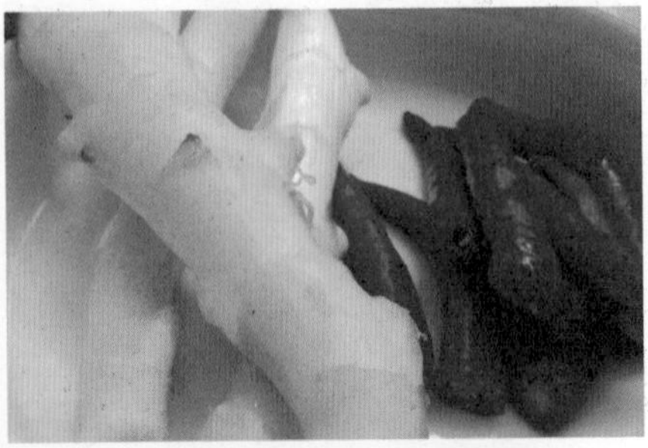

※ 白蘿蔔肉切段後可單獨拌鹽，就又是一道簡易的泡菜。

STEP2 入缸

[材料] 蒜、鹽、花椒、米酒、泡菜甕、碗、冷開水

[作法] 1. 將食材與調味料放入甕裡，並加鹽來促進發酵和產生鹹味（約4大匙）。

2. 加入開水至泡菜甕的8分滿，並酌量加入米酒可提出香味。

3. 在甕口邊加些水再蓋上碗，可隔絕空氣裡的醋酸菌及其他雜菌。夏天氣溫高、發酵快，做好的隔天就可食用了。冬天則需發酵4～5天。但若要味道酸一點，可再多發酵一天會更入味。發酵時間越久，蔬菜也會變得越軟。所以發酵完成後就可撈起來放到冰箱冷藏，再加入新的蔬菜到甕裡繼續發酵。切記新舊蔬菜不可混合。

※ 四川泡菜忌油忌生水，且夾取時一定要使用專屬的筷子，才不會將雜菌帶入甕裡影響發酵。

11 薑

薑是多年生陰性植物，喜歡有遮蔭、潮溼、避免日光直射的生長環境。若是自家種植，只要剝下一小塊有芽點的地下莖，放在陰暗處的陽台即可生長，因此非常適合應用在都市可食地景的設計裡。在台灣適合種植薑的時間爲二～四月，夏天薑花盛開，造型十分特殊。秋、冬葉枯之後即可採收其地下莖。薑科植物並不需特別照顧，是非常容易生長的粗放植物，也沒有病蟲害問題。因薑容易吸收大地養分，使得其他植物難以生長，因此要注意輪作或以同種薑原地生產。若是種在花盆內，要注意薑會以一年三～五倍的體積成長，所以可能會將花盆撐破，需適時換盆。老薑的種植一般會在第一年秋收時挖出薑，冬天時放置於陰暗處或冷藏，第二年再重新入土種植以降低病蟲害、提高產量。

常見的薑科植物如下：

・南薑：大葉片，葉色較深綠，八月開花，可改善呼吸道過敏、提高免疫力，常用作泡茶。

・薑黃：又名郁金，莖細長，葉大且葉脈清楚，八月開花，是治肝良藥，藥性雖屬平和，但還是要注意上火、燥熱的問題。薑黃正是咖哩的主要成分。

・粉薯：又名葛郁金、蓮蕉花、白蓮蕉，葉左右互生，一般薑科植物的纖維質高，但粉薯爲高澱粉質，且薑味較淡，因此和其他用來提味的薑科植物較不同，可作爲主食，也是古早用來製作勾芡澱粉的原料之一。

南薑

薑黃

粉薯

・竹薑：葉形同竹子般細長瘦小，塊莖分支較多，纖維扎實，薑味香辣，可用來製作竹薑片、竹薑粉。

竹薑

手作的文化

英國人殖民時期來到南印度，嚐到了一種美味的香料燉肉，泰米爾語稱為kari（意思是「醬」）。而英國人依據所聽到的發音，將kari英語化為curry（咖哩），並隨帝國版圖的擴張，將咖哩傳到了世界各地。

印度大多數人的飲食以蔬食爲主，也創造了黃、白、紅、黑、綠色等咖哩種類。記得我在印度學習自然療法時，有機會參加當地的婚宴，光各式各色咖哩食物就多達二十～三十種，眞是讓我大享口福。

印度、南洋、中東等地的咖哩原料爲粉狀，南洋地區更是直接從咖哩樹上採取新鮮的咖哩葉，先在臼中與其他辛香料一起搗碎後再烹煮。而日式咖哩則爲塊狀，添加了水果、蔬菜等，口味偏甜，燉煮後的咖哩也較濃稠。

節氣飲食

節氣——大寒

大寒是二十四節氣中的最後一個節氣，約是國曆一月二十日～二十一日，是冬天與春天的轉換時節，飲食上可多食用具有升散、溫暖性質的食物，抵禦嚴寒、銜接春季的到來。薑科具有溫中暖胃功效，適合早晨食用，如清粥配嫩薑，勝過蔘湯。但薑科也是較偏燥熱的藥材，因此不太適合晚餐。

STEP 1 磨粉

將薑塊磨成粉狀

[材料] 薑黃、磨粉機 / 果汁機、電鍋

[作法] 1. 將挖取出的薑塊洗淨後蒸熟或煮熟，再晒乾 8 ～ 10 天，或用麵包窯的餘溫低溫烘烤後放置一晚，使薑塊有足夠的硬度。

2. 用磨粉機將薑塊磨成粉，或拿至中藥店代磨，一般支付幾十元，店家都會樂意幫忙；也可以用果汁機，但效果較差。

STEP2 配方

咖哩的香料調配

[材料] 薑黃粉、豆蔻、丁香、南薑、小茴香、大茴香、芫荽子、芥末子、肉桂、八角、乾辣椒、胡椒

[作法] 1. 咖哩的 70% 成分為薑黃，30% 為混合中藥。以 1 斤（600 克，3 克 =1 錢）的咖哩量來計，薑黃約占 400 克，中藥配方依口味，可自行調整，可為：

- 豆蔻 9 克：涼性，因此印度當地會加入豆蔻來平衡薑黃的燥性
- 丁香 9 克：涼性，可治牙痛
- 南薑 30 克

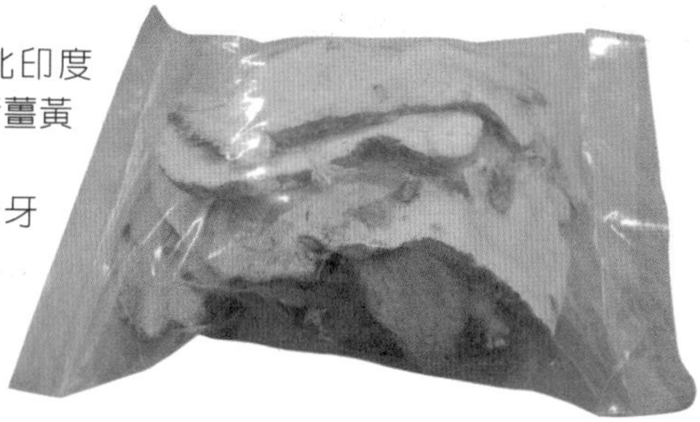

左／芫荽子，中／大茴香，右／芥末子。

• 小茴香 27 克、大茴香 18 克、芫荽子 18 克、芥末子 18 克、肉桂 18 克、八角 9 克、乾辣椒 9 克、胡椒 30 克

泰國人會加入當地植物，如羅望子、檸檬草、香茅等；斯里蘭卡、南印度、印尼等南洋地區，直接採用新鮮植物來搗碎，如咖哩葉、咖哩草（臘菊）。

羅望子醬

從印度帶回的香料

咖哩葉

※ 香料放置盒中以保存香味，切勿放冰箱，因冰箱溼氣會破壞香味，尤其是乾燥後的香料，須特別注意。

※ 薑黃粉也可調水喝作為日常保健食品，或與蜂蜜混合均勻成沾醬，或煮飯時加入 2 ～ 3 瓢薑黃粉，即成為薑黃飯。

STEP3 台式咖哩

撲鼻香的濃濃咖哩味

[材料] 咖哩粉、洋蔥、馬鈴薯、花椰菜、杏鮑菇、胡蘿蔔、麵粉、電鍋

[作法] 1. 馬鈴薯可先用電鍋蒸過，節省熟炒時間。

2. 先分別將洋蔥、馬鈴薯炒香後盛起，再將調配好的咖哩粉放入鍋中攪炒，然後再放入洋蔥、馬鈴薯、花椰菜、杏鮑菇、胡蘿蔔等食材。

3. 台灣口味較偏日式咖哩的濃稠感，因此將麵粉加水後來勾芡。

4. 除了常見的黃咖哩，其實咖哩還有不同顏色，符合五行五色的中醫概念：

- 黃咖哩：以牛肉、羊肉、雞肉等肉類為主
- 綠咖哩：添加菠菜汁泥、綠辣椒泥，搭配蔬菜為主
- 紅咖哩：添加紅辣椒泥或番茄，搭配牛肉等深色肉類
- 白咖哩：添加椰奶，搭配海鮮為主
- 黑咖哩：添加墨魚內臟，搭配海鮮為主

從「食」開始實踐簡樸與永續的文化

看完這本書後，您也許會覺得這只是一本教您如何動手做健康食品的工具書。其實，種植與飲食是生活中最根本的面向，也是實踐樸門生活最基本的練習。如果您能用心看待每一口吃進肚子裡的飯菜，了解其種植與製作過程，那麼您將了解自己與他人、人類與自然萬物的緊密連結。

樸門（Permaculture）曾被開玩笑地音譯為「婆媽姑舅」，意指樸門所談的好像都是一些食衣住行等生活瑣事。然而，這些生活瑣事正是一點一滴餵養這個資本主義體系，使其盤據壯大的癥結所在。因此，我想藉由此書邀請您以一種小而緩慢的姿態，去應對大尺度的資本主義，重新用友善環境的視角去檢視這些生活瑣事，一起形塑新的生活典範。

樸門的十五項設計原則正是我們的引導方針，幫助我們跨越習慣的門檻，並提供面對問題時的解決心法，進而重建珍惜資源、尊重自然、爲未來世代負責的永續文化。因爲文化即是生活的累積，這本書集結了我運用這十五個原則的經驗，希望可以讓更多人了解，從自己開始改變。實踐樸門並不困難，也不須拘泥於一定要同時滿足十五個原則，只要從一個開始慢慢嘗試即可。特別是當我們都理解一味追求成長的模式已經無法因應未來多變的挑戰時，更需要積極地行動。

觀察與互動：在設計可食地景、食物森林、植栽空間之前，請先打開您的感官去觀察、感覺基地上的一切，發現基地的特質，例如土壤的質地、植物的種類、日照的方向與移轉等，並試著運用不同的角度去觀察基地上的每個元素，可能原本以爲是雜草的植物竟有助其他生物的生長，甚至是美味的野菜。

從模式到細節：要設計家庭菜園或執行一個計畫前，請先評估自己的條件、目標、需求、基地是否合適、位置放在哪裡，再去設想要種哪些植物需要什麼條件。本書所挑選的植物，都是我自己種過，且合適於北部、陽明山的氣候與地理條件，而適合中南部熱帶氣候的芒果、龍眼、釋迦等樹種也可以用改變微氣候的技巧產出（如運用石塊提升溫度使釋迦在園區大量結果）。大多數植物都有多功能用處，是典型的「樸門植物」。您也可以循此模式，然後更細緻地選擇合適於您的基地的植物。

獲得產出：有效率的種植是讓產出大於投入。我花了少許時間種下食物森林中的果樹，卻能在每年產季時讓我收成，而我所做的只是持續提供植物生長所需的最低照顧，不過度干預，讓土壤生態系維持健康與平衡，而進一步親手將自己種的作物延續賞味期與供給期，以達到自給自足及延續手作文化的目的。不僅讓人有成就感，同時落實食農教育與環境教育，甚至利用微生物的發酵作用，讓食物更具風味、營養更好吸收，這也是運用生物性服務的回報之一。

小而慢的解決方式：家庭菜圃是糧食系統裡的最小單位，相較於大規模的商業性農業生產，可以更彈性地種植適宜在地氣候與家庭需求的作物，減少由外部輸入的耗費能源，同時您也能在種植過程中，切實地學習與自然共處，了解許多生物知識，藉此擴展人際的連結。而當這樣的小型系統越來越多時，人們面對天災劇變的調適能力將更彈性與提升生活品質。

運用及重視多樣性：在我設計的種植計畫裡，一定具備植物多樣性特徵，不僅是植物的種類多樣，單一種作物也會種多樣品種。除了避免雞蛋放在同一個籃子裡的風險外，也能維持物種和生態平衡。同時一種作物也會有多方面的應用，也就是本書中所舉的實作案例，這樣生活中的飲食需求將能獲得更快的回應與滿足。

多功能：每一種元素都有許多功能，將其與系統裡尚未滿足的需求連結起來，讓系統設計更加完善，例如種植水稻不僅是獲得糧食，更可涵養水分、營造微型生態系棲地，而稻稈可以用來覆蓋土壤與製作自然建材。同時，我也期許結合食農教育，藉由插秧與收割體驗活動讓更多民眾了解人與環境、土地的聯結與水稻文化的生產延續。

使用並珍惜再生資源與生物性服務：若有乾燥或烹煮食材的需求，我會盡可能利用日光、柴燒等再生能源，特別是日晒稻米與使用火箭爐。因爲用金錢購買物品來滿足需求的便利性，反而讓人們輕忽了該如何讓原本就在自然中的資源可被充分循環利用，減少石化能源的消耗。

大自然沒有浪費：這個原則挑戰了我們對於每個元素的認識程度。在食物森林的設計中，選擇可以食用或藥用的植物，可以更有效率地利用有限空間來滿足生活所需。植物的每個部位都可利用，甚至做成藝術品、處理食材後的廚餘或生物的排泄物可回歸土壤裡成爲養分，這些都是最基本的概念，讓所有資源都能被珍惜，而得以發揮其多樣的功能，滿足系統內的多樣需求是我們仍待努力的目標。

捕捉及儲存能源：當我們享受方便資源時，要記得思考資源獲取不便時該怎麼辦，並設法讓資源可延長使用，例如在農場或居家可以設計小型雨水收集儲留運用系統，減少水從水庫運送到家的能源消耗，在缺水時也可以即時補充所需。種植作物就是一種非常有效率的能源儲存方式，植物將日光與水轉化爲可以滿足人體所需的養分，而本書所介紹的食材加工也是可延長能源使用的模式。

運用邊際效益：兩個區域交會的邊界，也是資源最豐富、最具潛力與創造力的地帶。在生活與種植場域中，我們會運用各式形態的生態池來創造乾、溼的邊界，增加生態多樣性，而用石頭來圍菜畦，不僅可蓄積熱能，石頭的邊界更是許多小型動物的棲息地。樸門人常自嘲是非主流的邊緣人，但並非貶意，而是因爲跨越許多專業的邊界，是一群生活能力多樣、豐富的群體。

整合相對位置：每個元素在系統裡的位置，須考量設計目標、使用者需求與元素間的關係等，方能產生連結、輔助彼此。樸門設計者的工作就是將對的事物放在對的位置上，例如在日照不足的地方種植喜陰耐溼的植物；與鄰居好友一起料理、手做食物、食物分享是聯繫情感的良方，也是學習、結合每個人的長處，發揮一加一大於二的力量。

一種目的由多種元素完成：一個功能由多個元素支持時，會讓系統運作變得穩定，看似複雜多樣的種植方式很麻煩，但是可吸引更多樣的生物進入形成穩定的食物鏈。以經濟收入爲例，野蔓園的收入除了販售農產品及農產加工品之外，還包括教學、參訪體驗、出版等，避免只依賴單一收入來源所產生的風險。許多青年返鄉歸農常因種稻門檻低，選擇只種稻米等一兩種作物，當更多人生產稻米而吃米飯的人口沒增加，造成滯銷影響生計就是一例。賺「厚工」錢（多數人想賺方便的錢）及提升附加價值才是長久之道。

野蔓園的收入除了販售農產品及農產加工品之外，還包括教學、參訪體驗等。

加速演替：這個原則是希望藉由適當的人爲管理，提升土地的生產效率。例如放任雜草生長然後將其砍下作覆蓋，維持土壤微氣候的穩定也是增加土壤有機質的養地方法，初期看似沒有效率（對人），一旦培養好土壤微生物菌落，日後就不用長期辛勞的耕作，交由自然接手就事半功倍了。而豆科植物則是我們經常運用的伴護植物，因爲與它共生的根瘤菌可將空氣中的氮固定在土壤裡供其他植物使用，讓土壤的養分不虞匱乏。

把問題看成正面資源：問題本身往往不僅是解答之所在，更提醒我們還有未善盡利用的資源，甚至是再加入其他的資源將本來的問題轉化爲另一種更好的解決方式。例如在較低窪、易積水的地方種植喜溼植物，或是建造生態池收集雨水，營造新的生物棲息地，只要適地適種，沒有不好的土地。

美一點會更好：有人說「自然就是美」、「數大就是美」，雖然美是主觀的感受，但舒適的環境、和諧的色彩總是讓人心情愉悅，不僅能夠帶來正面能量，更能吸引更多人認同、參與您的計畫。「覆蓋」是樸門照顧土地與植物常用的種植技巧，覆蓋物順順地排放比亂堆一通會更美一點。

樸門是可以幫助人們達成自給自足的循環式、永續生活設計選項之一，但它更讓樸門實踐者不斷地跨出自己的生活圈向外連結，不僅是滿足於小我的欲望。因爲樸門的本質是利他精神，從照顧地球、照顧人類、資源公平分享三大核心倫理即知，唯有當利他精神成爲社會所認可並遵循的價值共識，才有可能實現爲下代留存資源的態度。

我期待本書的讀者們可以運用樸門的原則，去設計您的菜園、社區、校園、農場、甚至是人生的下一步，從被動選擇的消費者，轉變成主動思考的消費者、甚至變成負責任的參與者與生產者，並且記錄、傳播您的經驗，讓更多人可以仿效。當您走在對的道路上，堅持以恆，一定會有很多「對」的力量來幫助您，因爲我就是那個受益者。未來我將與同好成立「呷自己樸門市集」，用交換分享的方式，引動社區循環式經濟，照顧土地、也照顧彼此的餐桌，期待您能成爲我們的一員。

台灣樸門永續發展協會

樸門永續設計（Permaculture）是在 1974 年由澳洲生態實踐家 Bill Mollison 和 David Holmgren 所共同提出的一種生態設計方法，結合永續（Permanent）、農業（Agriculture）、文化（Culture）等內涵，主要精神是反思工業化與商業化生產模式對環境資源的消耗、消弭可貴的人類傳統智慧，欲藉由發掘與模仿大自然的運作模式，尋找出可因應低能源時代的永續生活方式，建構人類和自然環境的平衡點。它可以應用於生活中的各個領域，包含農業、建築、教育、經濟等。

台灣樸門永續發展協會創立於 2008 年，前身是樸門共學讀書會，由成員之一唐嚴漢（亞曼）擔任創會理事長，希望藉由教學、出版、研發等方式在台灣持續推廣樸門。改造位於和平東路的辦公室為「都市樸門」示範案例，並在陽明山半嶺闢設「野蔓園」農場，讓想實踐樸門、過自給自足生活的人有從做中學的場域。近期將成立「呷自己共食廚房」與「呷自己市集」，透過社群的力量找回生活自主權，重建友善環境的文化。

「每賣出一千本書，我們就種 10 棵樹」，

作為碳平衡及永續循環的支持。

協會任務

推廣課程

舉辦樸門講座、課程、工作坊，並於社區大學、國中小教師研習、機關團體等合辦課程，系統性介紹樸門的理念原則與應用。

翻譯出版

編輯並出版台灣樸門實踐經驗，翻譯引介國外樸門新知文章，並發送電子報分享台灣樸門最新發展動態。

規劃設計

接受國內外各機關團體與個人委託設計，如農地規劃、社區園圃規劃、自然建築設計、友善環境物品研發、農作物生產計畫等。

土地託管

接受委託管理閒置土地，媒合有志從事農業的田間管理者，並輔導運用樸門永續設計於種植與生產計畫。

志工招募

如您有翻譯、種植、企畫、美工、攝影等專長，歡迎您擔任協會的志工，服務累積 30 小時可享有課程與商品優惠，一起為打造永續生活盡一份心力。

【台灣樸門永續發展協會】Taiwan Permaculture Association
照顧地球、照顧人類、資源公平分享
臉書：台灣樸門永續發展協會
地址：臺北市大安區和平東路 2 段 76 巷 19 弄 14 號 1 樓
Email：permacultureassn.tw@gmail.com
統一編號：26261958
如您認同我們的理念與行動，請支持我們
銀行：上海商業儲蓄銀行天母分行（011）51102000005147
戶名：台灣樸門永續發展協會 唐嚴漢

您的捐款將會用於出版樸門書籍與刊物，藉由知識的分享讓更多人認識樸門，包含翻譯、編輯、印刷等費用。

國家圖書館出版品預行編目(CIP)資料

食癒　樸門綠生活・動手做好食 ／亞曼
作 -- 初版 . -- 台中市：晨星，2016.09
面；　公分 . --（自然生活家；25）
ISBN 978-986-443-143-4(平裝)

1. 食譜 2. 健康飲食

427.1　　105007993

自然生活家025

食癒　樸門綠生活・動手做好食

作者	亞曼 （唐嚴漢）
主編	徐惠雅
執行主編	許裕苗
版面設計	許裕偉
校對	楊欣儒、張慈婷
內頁繪圖	柳惠芬
封面設計	季曉彤
創辦人	陳銘民
發行所	晨星出版有限公司 台中市 407 工業區三十路 1 號 TEL：04-23595820　FAX：04-23550581 E-mail：service@morningstar.com.tw http：//www.morningstar.com.tw 行政院新聞局局版台業字第 2500 號
法律顧問	陳思成律師
初版	西元 2016 年 09 月 23 日
郵政劃撥	22326758（晨星出版有限公司）
讀者服務專線	04-23595819#230
印刷	上好印刷股份有限公司

定價 380 元
ISBN 978-986-443-143-4

Published by Morning Star Publishing Inc.
Printed in Taiwan

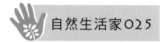

◆讀者回函卡◆

以下資料或許太過繁瑣，但卻是我們了解您的唯一途徑，
誠摯期待能與您在下一本書中相逢，讓我們一起從閱讀中尋找樂趣吧！

姓名：＿＿＿＿＿＿＿＿ 性別：□ 男 □ 女 生日： ／ ／

教育程度：＿＿＿＿＿＿＿＿

職業：□ 學生 □ 教師 □ 內勤職員 □ 家庭主婦
□ 企業主管 □ 服務業 □ 製造業 □ 醫藥護理
□ 軍警 □ 資訊業 □ 銷售業務 □ 其他＿＿＿＿

E-mail：（必填）＿＿＿＿＿＿＿＿ 聯絡電話：（必填）＿＿＿＿

聯絡地址：（必填）□□□＿＿＿＿＿＿＿＿

購買書名：食癒　樸門綠生活・動手做好食

・誘使您購買此書的原因?

□ 於＿＿＿＿書店尋找新知時 □ 看＿＿＿＿報時瞄到 □ 受海報或文案吸引
□ 翻閱＿＿＿＿雜誌時 □ 親朋好友拍胸脯保證 □＿＿＿＿電台 DJ 熱情推薦
□ 電子報的新書資訊看起來很有趣 □對晨星自然 FB 的分享有興趣 □瀏覽晨星網站時看到的
□ 其他編輯萬萬想不到的過程：＿＿＿＿＿＿＿＿

・本書中最吸引您的是哪一篇文章或哪一段話呢？＿＿＿＿＿＿＿＿

・您覺得本書在哪些規劃上需要再加強或是改進呢？

□ 封面設計＿＿＿＿ □ 尺寸規格＿＿＿＿ □ 版面編排＿＿＿＿
□ 字體大小＿＿＿＿ □ 內容＿＿＿＿ □ 文／譯筆＿＿＿＿ □ 其他＿＿＿

・下列出版品中，哪個題材最能引起您的興趣呢？

台灣自然圖鑑：□植物 □哺乳類 □魚類 □鳥類 □蝴蝶 □昆蟲 □爬蟲類 □其他＿＿＿＿
飼養＆觀察：□植物 □哺乳類 □魚類 □鳥類 □蝴蝶 □昆蟲 □爬蟲類 □其他＿＿＿＿
台灣地圖：□自然 □昆蟲 □兩棲動物 □地形 □人文 □其他＿＿＿＿
自然公園：□自然文學 □環境關懷 □環境議題 □自然觀點 □人物傳記 □其他＿＿＿＿
生態館：□植物生態 □動物生態 □生態攝影 □地形景觀 □其他＿＿＿＿
台灣原住民文學：□史地 □傳記 □宗教祭典 □文化 □傳說 □音樂 □其他＿＿＿＿
自然生活家：□自然風 DIY 手作 □登山 □園藝 □農業 □自然觀察 □其他＿＿＿＿

・除上述系列外，您還希望編輯們規畫哪些和自然人文題材有關的書籍呢？＿＿＿＿

・您最常到哪個通路購買書籍呢？□博客來 □誠品書店 □金石堂 □其他＿＿＿＿

很高興您選擇了晨星出版社，陪伴您一同享受閱讀及學習的樂趣。只要您將此回函郵寄回本社，我們將不定期提供最新的出版及優惠訊息給您，謝謝！

若行有餘力，也請不吝賜教，好讓我們可以出版更多更好的書！

・其他意見：＿＿＿＿＿＿＿＿

晨星出版有限公司 編輯群，感謝您！

請填妥後對折裝訂，直接投郵即可，免貼郵票。

廣告回函
台灣中區郵政管理局
登記證第 267 號
免貼郵票

晨星出版有限公司　收

地址：407 台中市工業區三十路 1 號
贈書洽詢專線：04-23595820*112　傳真：04-23550581

請填妥後對折裝訂，直接投郵即可，免貼郵票。

晨星回函有禮，加碼送好書！

填妥回函後加附 50 元回郵（工本費）寄回，得獎好書《窗口邊的生態樂園》馬上送！　原價：350 元
（收到回函後於二星期內寄出，若贈品送完，將以其他書籍代替，恕不另行通知）

f 晨星自然

天文、動物、植物、登山、園藝、生態攝影、自然風 DIY……各種最新最夯的自然大小事，盡在「晨星自然」臉書，快來加入吧！

晨星出版
Morning Star